甲虫の大きさランキング

日本のカブトムシの体長は、55.6mm です。

👑 タイタンオオウスバカミキリ
200mm ▶P.66

👑 ヘラクレスオオカブト
178mm ▶P.23

👑 ネプチューンオオカブト
160mm ▶P.24

👑 オオキバウスバカミキリ
150mm ▶P.66

👑 ゾウカブト
130mm ▶P.24

200mm
178mm
160mm

昆虫
なんでもランキング！

昆虫たちはいろいろな能力や特ちょうをもっています。ここでは、そのなかで大きさを中心に紹介します。それぞれの昆虫については、本編で、もっとくわしい内容を楽しんでください。

チョウの大きさランキング

👑 アレクサンドラトリバネアゲハ ▶P.110
メス 120mm
オス 100mm

👑 ゴライアストリバネアゲハ
100mm前後

👑 モンキアゲハ（日本最大）
▶P.81
80mm

なかまの種が多いランキング

さなぎの時期があるかどうか、かたい上ばねをもつかどうかなどの基準で大きくなかま分けがされています。

👑 甲虫のなかま
約37万種

👑 ハエのなかま
約15万種

👑 チョウ、ガのなかま
約14万4000種

👑 ハチのなかま
約14万4000種

もくじ

講談社の図鑑 MOVE

昆虫

- この本の使い方……4
- 昆虫って、なに？……6
- 昆虫はエイリアン？……8
- 昆虫たちの奇妙な一生……10
- かがやく昆虫たち……12
- 昆虫たちのかくれ身の術……14
- わっ！　おどろかす昆虫たち……16
- 空を飛ぶ昆虫たち……17
- 昆虫探検に行ってみよう……18

甲虫目

- カブトムシのなかま……20
  - 世界のカブトムシのなかま……23
- クワガタムシのなかま……26
  - 世界のクワガタムシのなかま……32
- コガネムシのなかま……35
  - 世界のコガネムシのなかま……38
- ハンミョウ、オサムシなどのなかま……40
  - 世界のハンミョウ、オサムシのなかま……44
- シデムシ、ハネカクシなどのなかま……45
- ゲンゴロウ、ガムシ、ミズスマシなどのなかま……46
- 水にすむ昆虫たち……49
- ホタルのなかま……50
- タマムシ、コメツキムシ、ジョウカイボンなどのなかま……52
  - 世界のホタル、タマムシなどのなかま……55
- テントウムシのなかま……56
- ゴミムシダマシ、ハナノミ、ツチハンミョウなどのなかま……58

- カミキリムシのなかま……60
  - 世界のカミキリムシのなかま……66
- ハムシのなかま……68
- ゾウムシ、オトシブミのなかま……70
  - 世界のゾウムシのなかま……75

チョウ目

- チョウのなかま……76
  - アゲハチョウのなかま……80
  - シロチョウのなかま……83
  - タテハチョウのなかま……85
  - シジミチョウのなかま……92
  - セセリチョウのなかま……95
- ガのなかま……96
  - ヤママユガのなかま……98
  - スズメガのなかま……100
  - ヤガのなかま……101
  - シャクガなどのなかま……102
  - ヒトリガ、ドクガのなかま……103
  - シャチホコガ、カイコガなどのなかま……104
  - いろいろなガ……105
- **チョウ、ガの幼虫大集合**……108
  - 世界のチョウのなかま……109
  - 世界のガのなかま……113

ハチ目

ハチのなかま……114
- スズメバチのなかま……118
- クモバチ、ツチバチ、ドロバチのなかま……120
- アナバチ、ギングチバチのなかま……121
- 寄生バチなどのなかま／ハバチ、キバチのなかま……122
- ミツバチ、ハナバチのなかま……123

アリのなかま……124
- 世界のアリのなかま……128

> シロアリはアリではない！……129

ハエ目

ハエ、アブ、カなどのなかま……130

アミメカゲロウ目など

アミメカゲロウ、ヘビトンボなどのなかま……134

トビケラのなかま／シリアゲムシのなかま／ノミのなかま……137

トンボ目

トンボのなかま……138
- カワトンボ、イトトンボなどのなかま……140
- ムカシトンボ、サナエトンボのなかま……142
- ヤンマ、オニヤンマのなかま……144
- トンボ、エゾトンボなどのなかま……146
- 世界のトンボのなかま……149

カゲロウ目、カワゲラ目

カゲロウのなかま……150

カワゲラのなかま……151

バッタ目

バッタのなかま……152
- バッタ、イナゴのなかま……154
- キリギリスなどのなかま……156
- コオロギなどのなかま……158
- 世界のバッタのなかま……159

カマキリ目

カマキリのなかま……160
- 世界のカマキリのなかま……163

ナナフシ目

ナナフシのなかま……164
- 世界のナナフシのなかま……166

カメムシ目

カメムシのなかま……168
- 世界のカメムシのなかま……173

アメンボ、タイコウチ、タガメなどのなかま……174

セミのなかま……178
- 世界のセミのなかま……183

ヨコバイ、アワフキムシ、アブラムシなどのなかま……184

ゴキブリ目など

ゴキブリ、そのほかの昆虫……186

昆虫以外

クモのなかま……188

ダンゴムシ、ムカデなどのなかま……192

種名さくいん……193

この本の使い方

この図鑑では、おもに日本にすんでいる昆虫と、クモなどの昆虫にちかいなかまの動物を掲載しています。

それぞれのなかまごとに、写真でくらし方を解説した「生態ページ」と、そのなかまにふくまれる種類を掲載した「標本ページ」とに分かれています。

生態ページ

生態ページでは、昆虫たちの迫力のある写真とともに、食べものや育ち方、巣のようすなど、「くらし方」を解説しています。

【コラム】

おもしろい昆虫の特ちょうや、知っておくとためになる知識などを写真と文章でくわしく解説しています。

標本ページ

【特ちょう・体のつくり】

標本ページのはじめのページでは、なかまに共通する外見の特ちょうや、体のつくりを解説しています。

【虫めがね】

小さな虫や、体の一部などを大きく拡大して、わかりやすく見せています。

【データの見方】

種名：日本で一般的に使われている名前（和名）をのせています。
解説：その種類に独自の特ちょうなどがある場合には、解説文を入れています。
各データ

🟩 科	🟥 体長（全長・前翅長）	🟨 分布
そのページがすべて同じ科のなかまの場合は、ページの上に注意書きがあります。	その種類のおおよその大きさです。大きさのあらわし方は、右のイラストを参考にしてください。	日本でのおおよその分布域です。

		🟨 すんでいる場所
		おもにすんでいる環境を示しています。

🟦 成虫が見られるおもな時期	🟧 幼虫の食べもの	🟡 鳴き声
活発に活動し、よく見られる時期を示しています。	幼虫の食べものが決まっている種類について、代表的な食べものを示しています。	鳴く虫については、鳴き声を紹介しています。

※各データのどの項目について掲載しているかは、なかまごとにちがいます。また、不明なものについては、データを示していません。
※オスとメスで形や大きさなどが異なる種類については、オスには♂のマーク、メスには♀のマークを入れてあります。

【マークの見方】

下記の項目に該当する種類について、それぞれマークをつけています。

絶滅危惧種	環境省の絶滅危惧種Ⅰ類およびⅡ類（2007年版）に指定されている種類。
外来種	外国から入ってきて、日本に定着したことがわかっている種類。
2001年新種	2000年以降に新しく登録された種類（西暦は登録された年）。
珍しい	発見するのがむずかしい、めずらしい種類。

【ふせん】

その種類だけのとくに変わった特ちょうなどを、ふせんマークで解説しています。

【この本に出てくるおもな地名】

【Q&A／マメ知識】

そのページに出ているなかまや種類について、楽しいミニ情報をのせています。

【大きさのあらわし方】

体の大きさのあらわし方は、なかまごとによって異なります。この図鑑では体の大きさを、下のイラストのようにあらわしています。

体長 頭の先から腹部の先までの長さです。触角や角、呼吸管はふくめません。

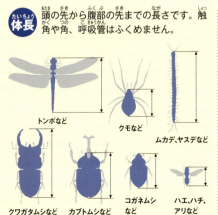

トンボなど／クモなど／ムカデ、ヤスデなど／クワガタムシなど／カブトムシなど／コガネムシなど／ハエ、ハチ、アリなど

前翅長 前ばねのつけ根から先までを、ななめにはかった長さです。

チョウ、ガなど

カゲロウ、アミメカゲロウなど

全長 頭の先からとじたはねの先までの長さです。腹部が、はねの先端よりも長い場合は、腹部の先までの長さになります。また、バッタのメスは、産卵管の先までをふくめます。

バッタ、キリギリス、コオロギなど

セミなど

おおきさマーク
大きさを変えてのせているものは、標本のとなりに実際の大きさを示すマークをのせています。マークのないものについては実物大か、またはページの上に示してある倍率で拡大、または縮小してのせています。

原寸マーク・倍率マーク
原寸マークは、ページ全体の標本が実物大ではないページで、その標本は原寸大（実物大）であることをあらわすマークです。
倍率マークは、その標本がページ全体の倍率と別の大きさであることをあらわすマークです（数字は拡大した大きさ）。

昆虫って、なに？

カブトムシやチョウ、トンボ、バッタなどはそれぞれまったく別の外見をしているように見えますが、どれも同じ昆虫のなかまです。昆虫は、背骨がない動物（無脊椎動物）のうちの、節足動物というグループにふくまれます。節足動物には、昆虫のほか、クモのなかまや、ムカデのなかまなどがいます。

昆虫のグループ

昆虫のなかまは、「さなぎになる（完全変態）なかま」、「さなぎにならない（不完全変態）なかま」「変態しない（無変態）なかま」に分けられます。さらにそのなかで、甲虫（目）、チョウ（目）、といったグループに分かれています。

さなぎになる（完全変態）なかま

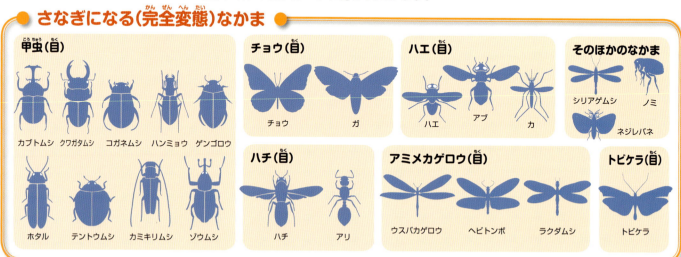

さなぎにならない（不完全変態）なかま

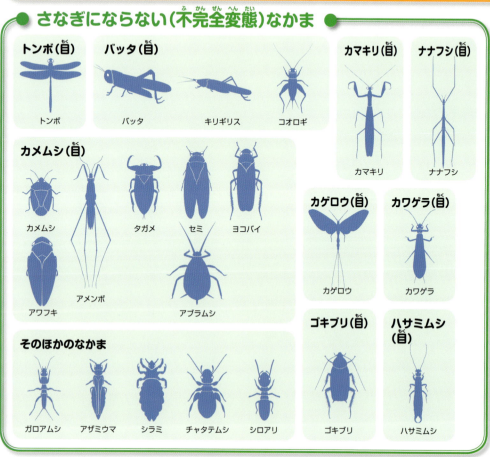

変態しない（無変態）なかま

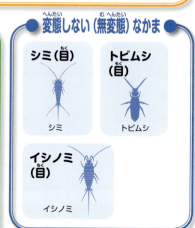

昆虫以外

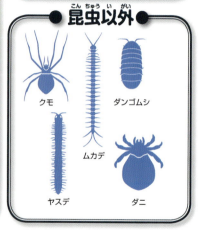

昆虫の体

それぞれのなかまでまったくちがう外見に見える昆虫ですが、いくつかの共通点があります。

- 体は、頭部、胸部、腹部の3つの部分に分かれています。

- あしは6本で、すべて胸部から生えています。

- はねは、前ばねと後ろばねをあわせた4枚です。ただし、後ろばねが退化したものや、はねのない種類もいます。

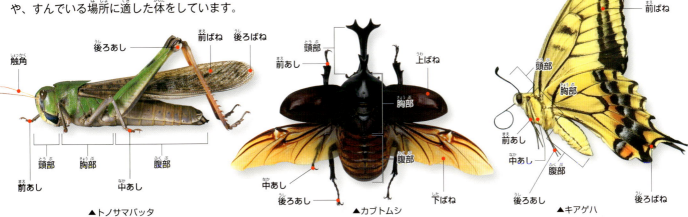

▲ニホンミツバチ

● さまざまな昆虫たちの体

それぞれの種類の昆虫たちは、生活のしかたや、すんでいる場所に適した体をしています。

▲トノサマバッタ　▲カブトムシ　▲キアゲハ

● 触角

頭部に2本の触角があり、においや形を感じることができます。

▲ヤママユの触角。

▲シロスジカミキリの触角。

● 複眼

多くの昆虫が、2つの複眼をもっています。複眼は個眼とよばれる小さな目がたくさん集まってできたもので、ものの形や色を見分けることができます。

▲ギンヤンマの大きな複眼。

● 気門

昆虫は、胸部と腹部の側面にある、気門とよばれるあなから空気を取り入れて呼吸します。

▲カブトムシの気門。

● 外骨格

昆虫は人のような骨はなく、体のまわりがかたくなっていて、その内側に筋肉がついています。これを外骨格とよびます。

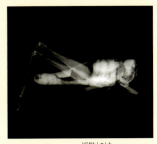

▲トノサマバッタのX線写真。

昆虫はエイリアン？

昆虫には、想像もつかないようなユニークな顔や形をしているものがたくさんいます。どうしてこんな不思議な形をしているのだろう？

▼長い頭部が特ちょうの、トビエダカマキリ。（マレーシア）

まるで宇宙人

ひょうきん者

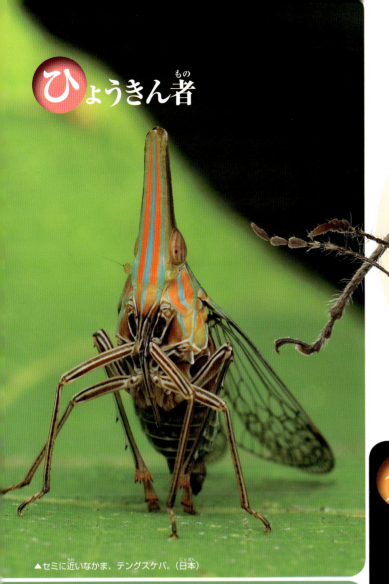

▲セミに近いなかま、テングスケバ。（日本）

ふさふさのゾウ？

▲ゾウムシのなかま、ハイイロチョッキリ。（日本）

角が生えたモンスター

▲ふしぎな形の角をもつ、シカツノバエ。（オーストラリア）

おしゃれな頭

▲中南米の熱帯地域にすむ、ヨツコブツノゼミ。（ブラジル）

昆虫たちの奇妙な一生

集団で規律のとれた生活をしたり、時期や目的によって姿を変えたり、なかまどうしで気持ちを伝えあうなど、さまざまなくらし方があります。

▼銀色に光るまゆから羽化する、マダガスカルオナガヤママユ。（マダガスカル島）

目覚め

はりつけの刑

▲侵入者のアリをはりつけにする、ツムギアリ。(マレーシア)

愛のおくりもの

▲オスからメスへ食べものの虫をプレゼントする、ガガンボモドキ。(オーストラリア)

死がいを背負う

▲アリをおそって体液をすい、その死がいを背中にくっつけているクビアカサシガメのなかまの幼虫。アリにばけて獲物に近づき、同時に天敵から身を守っていると考えられる。(ラオス)

▲アリをせおった幼虫は、脱皮するとまったくちがう姿の、色あざやかな成虫になる。右は、アリの死がいをくっつけたままのぬけがら。

かがやく昆虫たち

黄金色や、まるで宝石のようにかがやく昆虫たち。どうしてこんなにきれいにかがやいているのだろう。

▶周囲の風景を映すマルバネルリマダラのさなぎ。(西表島)

黄金色のさなぎ

▼木の枝にいる、モーレンカンプオウゴンオニクワガタ。(マレーシア)

▲葉の上を歩く、ケンランカマキリ。(マレーシア)

光を反射して キラキラとかがやく

◀金でできているような、オプティマプラチナコガネ。(コスタリカ)

▲葉にとまった、リュウキュウハグロトンボ。(奄美大島)

▲花をめざして飛ぶ、ミドリシタバチ。(パナマ)

▲砂地にとけこむ、ニセハネナガヒシバッタ。(日本)

すんでいる所に似る

▲地衣類にそっくりな体色の、コマダラウスバカゲロウの幼虫。(日本)

▲木の皮にとけこむ、シロフフユエダシャク。(日本)

わっ！おどろかす昆虫たち

おこった昆虫たちは、はねやあしを大きく広げたりして、相手を威嚇します。

体を大きく見せる

▲逆さになっておどろかす、マノハナカマキリ。（ケニア）

▲逆立ちして威嚇をする、サカダチコノハナナフシ。（マレーシア）

▲はねを広げて体を大きく見せる、コロギス。（日本）

空を飛ぶ昆虫たち

飛ぶのがとくいなものから、苦手なものまで、体全体を使って飛びます。

はねを広げて宙を舞う

▲体全体を広げて飛ぶ、アシナガムシヒキ。(日本)

▲バンザイをするように飛ぶ、ホソヘリカメムシ。(日本)

▲飛び立った瞬間の、ノコギリクワガタ。(日本)

▲威嚇しながら飛ぶ、オオスズメバチ。(日本)

昆虫探検に行ってみよう！

図鑑を読んで昆虫に興味をもったら、あなたも昆虫探検に行ってみましょう。もしかしたら、まだだれにも発見されていない新種の昆虫を、発見できるかも？

養老先生からのメッセージ

養老孟司先生
（解剖学者・東京大学名誉教授）

新種をとろう！

ボクも新種を見つけたことがあります。

はじめてブータンに行ったときのことです。でもブータンって、どこだろう。インドの北、ヒマラヤの南斜面にある、小さな国です。テレビの仕事で行ったのですが、暇な時間がありますから、その間に虫を探すわけです。

ブータンの首都ティンプーは、谷のなかにある小さな町です。当時は人口が3万人ほどでした。この谷は松が生えています。ほとんどの木は松なんです。その松がホテルの庭にも生えています。ぼんやりとその松を見ていると、幹を小さな虫がはっています。ゾウムシです。ボクはゾウムシを探してましたから、「ヤッタア」、というわけです。

ブータンのあちこちを歩いていると、あちこちに松が生えています。その松にゾウムシがいるわけです。見ていると、何匹もいます。幹を歩いています。

松は松ヤニが出ていて、虫がこれにくっつくと、離れられません。テントウムシなんかがくっついてしまって、逃げられなくなっています。これが地中に埋まって、何百万年、何千万年も経つと、コハクになります。だからコハクの中には、よく虫が入っているのです。でもこのゾウムシは一匹もヤニにくっついていません。たくさんいるのに、ヤニにつかまらないのです。面白いなあと思いました。

新発見！

ブータンクロクチブトゾウムシ

帰ってから、名前を調べたのですが、わかりません。ロンドンの博物館まで行って調べましたが、結局わかりませんでした。つまり新種だったわけです。だから10年以上たってから、名前をつけて発表しました。これがボクが見つけた最初の新種です。

でもいまではそういう新種がたくさんあることがわかってしまいました。ボクは毎年ラオスに虫採りに行きます。でもラオスでとるゾウムシの8割くらいは名前がありません。つまり新種です。新種って、じつはまだたくさんいるんですよ。日本にもいるかしら。もちろんいます。めずらしいから新種なのではないのですよ。それまでだれも気がつかなかったから、新種なのです。

▲養老先生がブータンクロクチブトゾウムシを見つけたブータンのホテル。

体験記

幻のカミキリムシを発見！
発見者：高桑正敏（神奈川県立生命の星・地球博物館 名誉館員）

　昆虫少年だった私は、大学生になって日本のカミキリムシを専門に採集しようと心に決めた。そのときは、ひそかに新種を発見したいという夢はもっていたかもしれないけれど、まさか現実になるとは考えていなかった。

　ところが、19歳のときに北海道で日本未知の1種を発見し、20歳のときには南九州で2種の新種らしきものを採集した。とくに屋久島の山の上で採集した個体は、その瞬間に「新種だ！」とわかる、見たこともない個体だった。感激にうちふるえ、有頂天になって専門家に調べてもらった結果は、残念ながら新種ではなかった。でも、新亜種として学名に私の名前をつけてもらえただけでもいい。

　28歳のとき、「東洋のガラパゴス」とよばれる南の島、小笠原で調査することができた。道なき道をかきわけ、汗びっしょりになって着いた山頂はこい霧に包まれていた。上半身を裸にして下から吹きあがってくる昆虫を採集していると、すばしこく飛ぶ黒い小さな虫が目に入った。とっさにふりぬいた捕虫網の中をのぞくと、そこにははじめて見る美しいカミキリムシの姿があった。このときの感動はまさに「筆舌につくしがたく」、私だけが味わうことのできた幸せというしかない。これがカミキリムシ界で有名な珍種ミイロトラカミキリで、その後は確かな記録がなく、唯一の標本として国立科学博物館に保管されている。

　カミキリムシの新種発見は、調査が進んだ日本ではもうほとんど無理かもしれないけれど、東南アジアやアフリカ、中央・南アメリカなどではまだいくらでも可能性がある。カミキリムシ以外の甲虫なら日本でも、ハネカクシ類やゾウムシ類など微小種や落ち葉の下にすむ種には、これからの研究しだいでたくさんの新種が見つかるはずだ。小さな甲虫ばかりでなく、研究が進んでいないハチやハエ類などもそうだ。採集と研究にチャレンジして、ぜひ新種を見つけたときの感激を味わってもらいたい。

新発見！
ミイロトラカミキリ
▲ミイロトラカミキリを見つけて喜ぶ高桑先生。

昆虫ニュース

最北の島で発見された奇跡のオサムシ

　2004年11月、昆虫の研究者たちのあいだに大きな衝撃が走りました。北海道の沖あいに浮かぶ利尻島の山の上で、これまでだれも知らなかった、金緑色に輝く美しいオサムシがいることが発表されたのです。

　最初の発見は2001年の夏。愛知県にすむ天野正晴さんが、登山中に一匹のメスの死がいを拾ったのが始まりです。3年後、その写真を見たオサムシの世界的研究者である井村有希さんは、これまでに日本ではまったく知られていないオサムシであることを見抜きました。すぐさま「幻のオサムシ調査隊」を結成し、特別な許可を得て、利尻島へ向かいました。（利尻島の山頂部では許可なく生きものをつかまえることはできません。）

　そして12日間の調査の末、ついに調査隊の一員、永幡嘉之さんによって、一匹のメスが見つかったのです。くわしく調べた結果、それはロシアに生息するマックレイセアカオサムシに似ている新亜種であることが判明し、リシリノマックレイセアカオサムシと名付けられました。井村さんたちは、翌年も未発見のオスを求めて調査を続け、念願のオスも採集。さらに卵から幼虫やさなぎまで、すべての生態を解明することにも成功しました。

（報告：伊藤 弥寿彦）（自然史映像制作プロデューサー）

新発見！
リシリノマックレイセアカオサムシ
▲幻のオサムシがみつかった利尻岳。

カブトムシのなかま

カブトムシやクワガタムシは、かたい上ばねをもつ、甲虫のグループ（甲虫目）にふくまれます。甲虫目はとても多く、カブトムシやクワガタムシのほかに、カミキリムシやホタル、ゾウムシなどのなかまがふくまれ、日本では約１万種類もいます。甲虫のなかまは、幼虫と成虫のあいだにさなぎになる、「完全変態」をします。

▶樹液に集まるカブトムシとそのほかの虫たち。

食べものは樹液

カブトムシの成虫の食べものは、クヌギやコナラなどの樹液です。体が大きく力も強いカブトムシは、樹液に集まる虫たちのなかでいちばんいい場所を選ぶことができます。

成虫になるまで土の中で育つ

カブトムシの幼虫は土の中で、腐葉土にふくまれる落ち葉やくち木を食べて成長します。さなぎになると土の中につくった部屋で動かなくなり、体が成長するのをじっと待ちます。

◀土の中で成長を待つさなぎ。

▲腐葉土を食べる幼虫。

りっぱな角をもつ昆虫の王様

カブトムシのオスには、長くりっぱな角があります。また、体はよろいのようにがんじょうです。おもに夜行性で、昼間は木の根元などで休み、日が暮れると樹液のある木のところまで飛んでいきます。

◀木の上のカブトムシのオス。

▼角をつきあわせる、カブトムシのオス。

▼飛行するカブトムシのオス。

メスをめぐってけんか

　カブトムシの角は、なわばりを守り、メスをめぐってオスどうしであらそうための武器です。長い角を相手の体の下にさしこんで、相手をひっくり返します。

空を飛ぶのは苦手

　カブトムシのかたい上ばねの下には透明な下ばねがかくれていて、飛ぶことができます。ただし、体が重いので飛ぶのはあまり得意ではありません。

カブトムシのなかま

カブトムシは、コガネムシのなかま（コガネムシ科）にふくまれます。カブトムシのなかまは、日本に5種類います。かたい上ばねをもち、丸っこい体をしています。カブトムシの角はオスにだけあり、メスを得るためにオスどうしであらそうときなどに使われます。

※⊢──┤は実際の大きさをあらわしています。
※大きさマークのないものは、ほぼ実物大です。
※ここで紹介しているものは、すべてコガネムシ科です。

触角　口　ブラシ状の口で、樹液をなめとる。　複眼

上ばね・前胸部・角・角・頭部・前あし・小楯板・下ばね・気門（腹部の横にある気門で呼吸をする。）・腹部・後ろあし・中あし

サイカブトムシ（タイワンカブトムシ） [外来種]
幼虫はヤシやサトウキビの根を食べる害虫です。■33～47mm ■一年中 ■南西諸島（奄美大島以南）

コカブトムシ
くち木の中にすみ、明かりに来ます。昆虫の死がいなどを食べることもあります。■18～26mm ■4～9月 ■北海道～南西諸島

カブトムシ
オスには、りっぱな2本の角があります。角をふくめた全長は、最大で85mmにもなります。沖縄産は、オスの角が短く、亜種オキナワカブトムシとよばれます。
■27～55.6mm ■6～9月 ■北海道～九州、屋久島、奄美大島、沖縄島

メスはオスよりも小さく、角がない。

クロマルコガネ [珍しい]
オスもメスも角がありません。■12～15mm ■5～10月 ■宝島、喜界島、沖永良部島、粟国島

[2002年新種] [珍しい]
ヒサマツサイカブトムシ
これまで、わずか数匹しか見つかっていません。■45～48mm ■南大東島

■体長　■成虫が見られるおもな時期　■分布

世界のカブトムシのなかま

世界ではおよそ1600種のカブトムシのなかまが知られています。頭部や胸部に、大きな角が何本も生えた種類もあり、とても迫力があります。

※このページの標本は、ほぼ実物大です。

アメリカ 1

中央アメリカから南アメリカの熱帯雨林には、世界でもっとも多くの種類のカブトムシがすんでいます。

世界最大のカブトムシ。

▼飛行するヘラクレスオオカブト。

ヘラクレスオオカブト
オスの角は、地域によってそれぞれ特ちょうが異なり、10以上の亜種に分かれます。角をふくめた全長は、オスが46～178㎜、メスが47～80㎜で、中央アメリカから南アメリカの中部にかけてすんでいます。

♀（エクアドル産）　♂（エクアドル産）

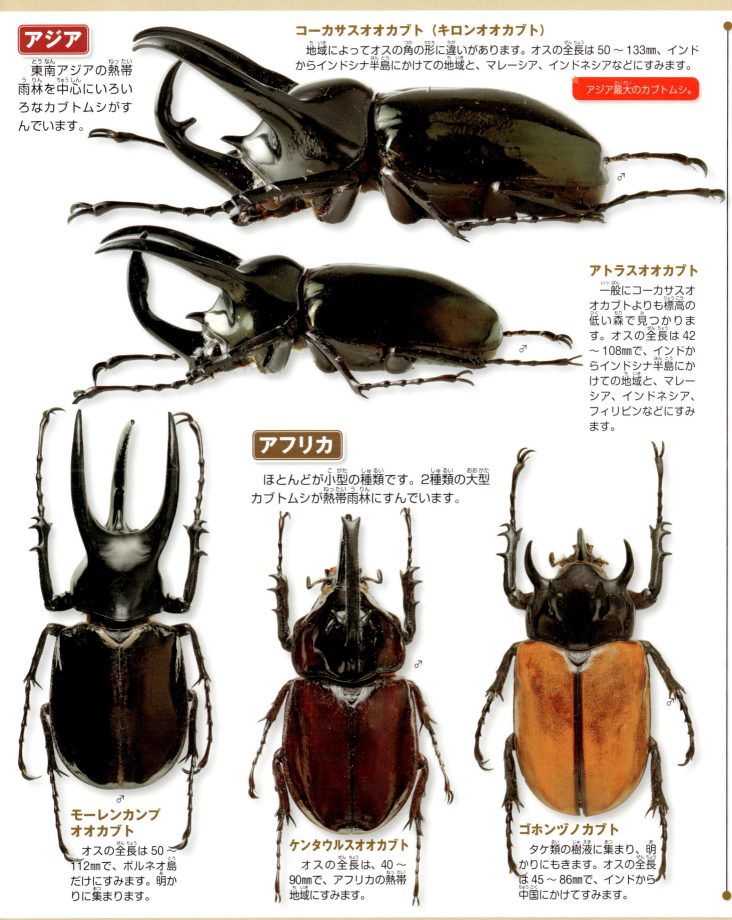

アジア

東南アジアの熱帯雨林を中心にいろいろなカブトムシがすんでいます。

コーカサスオオカブト（キロンオオカブト）
地域によってオスの角の形に違いがあります。オスの全長は50〜133mm、インドからインドシナ半島にかけての地域と、マレーシア、インドネシアなどにすみます。

アジア最大のカブトムシ。

アトラスオオカブト
一般にコーカサスオオカブトよりも標高の低い森で見つかります。オスの全長は42〜108mmで、インドからインドシナ半島にかけての地域と、マレーシア、インドネシア、フィリピンなどにすみます。

アフリカ

ほとんどが小型の種類です。2種類の大型カブトムシが熱帯雨林にすんでいます。

モーレンカンプオオカブト
オスの全長は50〜112mmで、ボルネオ島だけにすみます。明かりに集まります。

ケンタウルスオオカブト
オスの全長は、40〜90mmで、アフリカの熱帯地域にすみます。

ゴホンヅノカブト
タケ類の樹液に集まり、明かりにもきます。オスの全長は45〜86mmで、インドから中国にかけてすみます。

25

クワガタムシのなかま

クワガタムシのくらし

クワガタムシの幼虫は、くち木などの中で成長し、成虫はカブトムシと同じように樹液を食べます。オスの大あごは、口の一部が発達したもので、その形や大きさは、種類によって異なります。

▲大あごを広げるノコギリクワガタのオス。

▶大あごを広げてたたかうノコギリクワガタのオス。

クワガタムシもけんかをする

オスのクワガタムシはえさ場やメスをうばいあうため、しばしばあらそいます。はじめに大あごをめいっぱい広げて威嚇をし、決着がつかない場合には、とっくみあいになります。

△交尾をするノコギリクワガタ。

勝ったオスがメスと結ばれる

オスどうしがあらそうのは、そこに来たメスを獲得するためです。オスは、樹液を食べにおとずれたメスにおおいかぶさり、交尾をします。

▼大あごの形がはっきりわかる、オスのさなぎ（ミヤマクワガタ）。

くち木とともに生きる幼虫やさなぎ

菌類によって分解されたくち木は、クワガタムシの幼虫のすみかであり、食べものでもあります。幼虫は、くち木の中を食べすすんで成長します。

▲くち木をほりすすむ幼虫。

コラム あしで会話をする幼虫たち

クワガタムシの幼虫は、あしの裏側にあるやすりのような器官をこすりあわせて、人間には聞こえない超音波を出すことができます。この「声」で幼虫どうしが会話をし、くち木の中でおたがいがぶつからないようにしています。

27

クワガタムシのなかま

多くの種類のクワガタムシのオスには、発達した大あごがあります。大あごは左右に動かすことができ、メスをめぐるオスどうしのあらそいの際に、武器として使われます。体は平たく、かたい上ばねをもちます。日本に約40種がいます。

※ ⊢―⊣ は実際の大きさをあらわしています。
※ 大きさマークのないものは、ほぼ実物大です。
※ ここで紹介しているものは、すべてクワガタムシ科です。

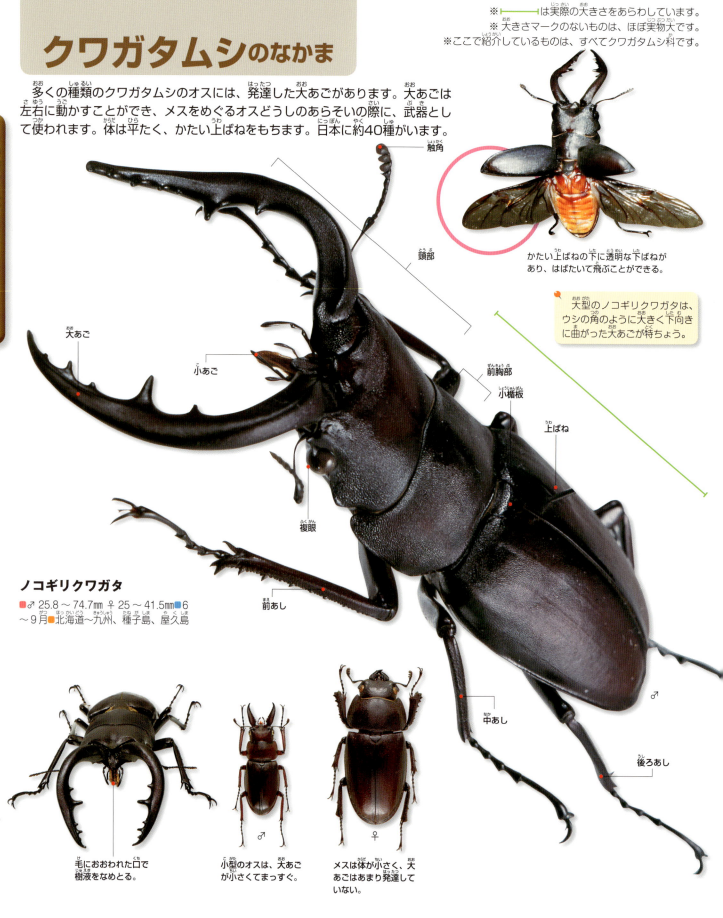

かたい上ばねの下に透明な下ばねがあり、はばたいて飛ぶことができる。

大型のノコギリクワガタは、ウシの角のように大きく下向きに曲がった大あごが特ちょう。

ノコギリクワガタ
■♂ 25.8〜74.7mm ♀ 25〜41.5mm ■6〜9月 ■北海道〜九州、種子島、屋久島

毛におおわれた口で樹液をなめとる。

小型のオスは、大あごが小さくてまっすぐ。

メスは体が小さく、大あごはあまり発達していない。

■体長 ■成虫が見られるおもな時期 ■分布

♂ (沖縄島産) ♀ (奄美大島産)

ネブトクワガタ
生息する場所によって大あごの形などに変異があります。♂ 13.4〜33mm ♀ 14〜27mm ■6〜9月 ■本州、四国、九州、南西諸島

絶滅危惧種
オオクワガタ
■♂ 27〜77mm ♀ 25〜47mm
■5〜9月 ■北海道〜九州

日本最大のクワガタムシは、オオクワガタ、ヒラタクワガタ、ミヤマクワガタなどのオス。最小はマダラクワガタ。

マグソクワガタ
コガネムシのようにみえます。■♂ 7〜8.5mm ♀ 8〜9.3mm ■4〜6月 ■北海道、本州

マダラクワガタ
日本でいちばん小さなクワガタムシです。■4〜6mm ■5〜7月 ■北海道、本州、四国、屋久島

ミヤマクワガタ
■♂ 31.5〜78.6mm ♀ 25〜46.8mm ■6〜9月 ■北海道〜九州

ヒラタクワガタ
生息する場所によって変異の多い種類です。■♂ 22〜82mm ♀ 20〜44mm ■5〜9月 ■本州〜南西諸島

(本州産) (西表島産)

マメクワガタ
■8〜12mm ■一年中 ■本州(紀伊半島沿岸)、四国、九州、伊豆諸島、南西諸島

チビクワガタ
■9〜16mm ■一年中 ■本州(関東地方以西)、四国、九州、御蔵島、八丈島

♂ ♀

コクワガタ
北海道から九州ではもっともふつうのクワガタムシのひとつです。■♂ 17.8〜54.4mm ♀ 21.6〜29.9mm ■5〜9月 ■北海道〜南西諸島(トカラ列島以北)

Q: なぜ「クワガタ」という名前なのですか？　A: 大あごの形が、戦国時代のかぶとの「鍬形」(正面の飾り)に似ているためです。

クワガタムシのなかま

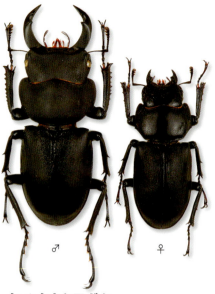

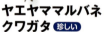

ヒメオオクワガタ
■ ♂ 29〜58mm ♀ 26.3〜42mm
■ 6〜10月 ■ 北海道〜九州

スジブトヒラタクワガタ
おもに夜行性で、日中は木の根元の土の中などにひそんでいます。■ ♂ 23〜70.1mm ♀ 26.2〜41.2mm ■ 6〜9月 ■ 奄美大島、徳之島

チャイロマルバネクワガタ
日中に、よく飛びます。オスは森の地面を歩きまわってメスをさがします。■ ♂ 20.4〜36.6mm ♀ 20.1〜29.2mm ■ 9〜11月 ■ 石垣島、西表島

ヤエヤママルバネクワガタ 珍しい
地上を歩いています。■ ♂ 32.6〜69.2mm ♀ 38.4〜57mm ■ 10〜11月 ■ 石垣島、西表島、与那国島

アマミマルバネクワガタ 絶滅危惧種
■ ♂ 44.3〜65.2mm ♀ 42〜52.8mm ■ 8〜10月 ■ 奄美大島、徳之島

オキナワマルバネクワガタ 絶滅危惧種
地上を歩いています。■ ♂ 42.4〜70mm ♀ 40〜55.6mm ■ 10月 ■ 沖縄島

スジクワガタ
■ ♂ 15〜38.4mm ♀ 14〜24.2mm
■ 5〜9月 ■ 北海道〜九州、屋久島

アカアシクワガタ
あしや腹側が赤い色をしています。■ ♂ 23.4〜58.5mm ♀ 24.9〜38mm ■ 6〜10月 ■ 北海道〜九州

ツヤハダクワガタ
■ ♂ 12.1〜23.2mm ♀ 11.8〜16.7mm ■ 7〜9月 ■ 北海道〜九州

※ ⊢⊣ は実際の大きさをあらわしています。
※ 大きさマークのないものは、ほぼ実物大です。

■ 体長　■ 成虫が見られるおもな時期　■ 分布

♀（奄美大島産）

アマミノコギリクワガタ
すむ島によって変異があります。🟥♂24.5～79.5mm ♀20.3～40.4mm 🟦6～10月 🟧南西諸島（トカラ列島～沖縄島）

♂（奄美大島産）

ハチジョウノコギリクワガタ
森の地面を歩き、ほとんど飛びません。🟥♂27.4～59.2mm ♀23～40mm 🟦5～9月 🟧八丈島

ヤマトサビクワガタ
体の表面に泥がついています。🟥♂14.8～26.2mm ♀17～22.1mm 🟦6～10月 🟧九州（佐多岬）、徳之島

♂

キンオニクワガタ
🟥♂20～38mm ♀20～23.3mm 🟦7～9月 🟧対馬

♀　♂

ヤエヤマノコギリクワガタ 珍しい
🟥♂22.4～63.5mm ♀19.9～33.5mm 🟦5～9月 🟧石垣島、西表島

♂　♀

アマミシカクワガタ 珍しい
🟥♂22～48mm ♀19.5～30.4mm 🟦6～9月 🟧奄美大島、徳之島

♂　♀

ミクラミヤマクワガタ
地上で生活し、森の地面を歩いています。飛びません。🟥♂23.6～34.7mm ♀25～26.5mm 🟦5～7月 🟧御蔵島、神津島

♂　♀

オニクワガタ
🟥♂17～26.1mm ♀16～23mm 🟦7～9月 🟧北海道～九州

ルリクワガタのなかま

ルリクワガタ
🟥♂9～14.3mm ♀8～12.2mm 🟦5～8月 🟧本州、四国、九州

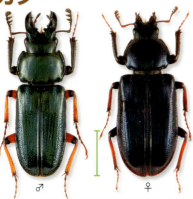
♂　♀

♂　♀

ホソツヤルリクワガタ
🟥♂9～13mm ♀8～12mm 🟦5～7月 🟧本州

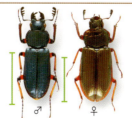
♂　♀

コルリクワガタ
すむ地域によっていくつかの種類に分けることもあります。🟥♂8.5～14mm ♀8～12mm 🟦5～7月 🟧本州、四国、九州

♂　♀

タカネルリクワガタ 2007年新種
🟥♂10.2～12.5mm ♀9.2～12.1mm 🟧四国（石鎚山系）

Q: 肉食のクワガタムシもいるのですか？　A: チビクワガタやマメクワガタの成虫は、ほかの虫を食べることがあります。

世界のクワガタムシのなかま

世界にはおよそ1500種のクワガタムシのなかまが知られています。大型のクワガタムシのオスは、大あごがひじょうに発達しています。

アジア 大型のクワガタムシのほとんどは、東南アジアの熱帯雨林にすんでいます。

※ ├───┤ は実際の大きさをあらわしています。
※ 大きさマークのないものは、ほぼ実物大です。

世界最大のクワガタムシ。

ギラファノコギリクワガタ
地域によって大あごの歯の形にちがいがあります。ギラファとはキリンを意味します。オスの体長は45〜118mmで、インドからマレー半島、インドネシア、フィリピンなどにすんでいます。

（マレー半島産）

**パリーフタマタクワガタ
（セアカフタマタクワガタ）**
地域によって大あごの形が異なります。ひじょうに気の荒いクワガタムシです。オスの体長は52〜94mm、インドからインドシナ半島、マレー半島、スマトラ島、ボルネオ島などにすみます。

ディディエールシカクワガタ
大あごは大きく曲がり、シカの角のような形をしています。オスの体長は35〜87mm、マレー半島にすみます。

**エラフス
ホソアカクワガタ**
山地の樹液に集まり、明かりにも来ます。オスの体長は48.5〜109㎜で、スマトラ島にすみます。

**メタリフェル
ホソアカクワガタ**
オスの大きな個体は大あごが体よりも長くなります。オスの体長は26〜100㎜、スラウェシ島とその周囲の島々にすみます。

**モーレンカンプ
オウゴンオニクワガタ**
ブナ科の植物の樹液やタケの新芽に集まり、明かりにも来ます。オスの体長は34〜81㎜、ミャンマー、マレーシア、スマトラ島にすみます。

アンタエウスオオクワガタ
オスの体長は34〜87.6㎜、インドから中国およびマレー半島にすみます。

ガゼラツヤクワガタ
オスの大あごは、左と右で形が違っています。オスの体長は38〜65㎜で、インドシナ半島からマレー半島、インドネシア、フィリピンなどにすみます。

ワラストンツヤクワガタ
標高700m〜1000mの山地にすみます。ヤシの花やタケに集まります。オスの体長は41〜79㎜、マレー半島とスマトラ島にすんでいます。

ゼブラノコギリクワガタ
低地から高地まで広くすんでいて、明かりに来ます。オスの体長は21〜60㎜で、ミャンマー、マレーシア、インドネシア、フィリピンなどにすみます。

マレーヒラタクワガタ
2011年現在、25に分けられているヒラタクワガタの亜種のひとつです。オスの体長は32〜98㎜で、マレー半島、ボルネオ島、ニアス島にすみます。

オセアニア

ほかの地域には見られない、変わった姿のクワガタムシがすんでいます。

※このページの標本は、ほぼ実物大です。

アフリカ

熱帯地域などを中心に、いろいろな種類のクワガタムシがすんでいます。

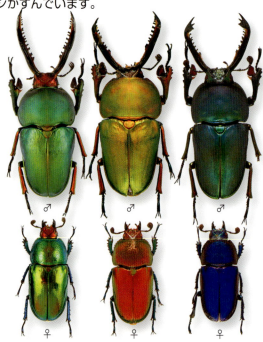

ニジイロクワガタ
世界でもっとも美しいクワガタムシといわれています。標高700m以上の熱帯雨林にすみます。オスの体長は36～68mm、オーストラリア北東部と、ニューギニア島にすみます。

パプアキンイロクワガタ
山地にすみ、前あしの扇形の部分でキク科植物の茎を切断して汁を吸います。体色には大きな変異があります。体長は、オスが24～50mm、メスが19～26mmで、ニューギニア島にすんでいます。

タランドゥスオオツヤクワガタ
アフリカでは最大のクワガタムシです。エナメルのような強い光沢があります。オスの体長は45.5～91.5mmで、アフリカの中部から西部にかけてすんでいます。

アメリカ

アメリカのクワガタムシはあまり種類は多くありませんが、南アメリカなどに独特な姿をした種類がいます。

コガシラクワガタ（チリクワガタ）
大きなオスの大あごは体長より長くなります。ナンキョクブナ類の樹液に集まります。オスの体長は28.3～90mmで、チリとアルゼンチンにすんでいます。

クビボソツヤクワガタ
中央アメリカのパナマと南アメリカのコロンビアにすみ、アボカドの枝先に集まります。オスは体長28～60mmです。

メンガタクワガタ
アフリカ中部から西部にすみます。オスの体長は26～55mmです。

コガネムシのなかま

コガネムシのなかまには、動物のふんや死がいを食べるもの、植物の葉や花粉を食べるもの、樹液を食べるものなどがいます。動物のふんを食べるコガネムシのなかまは「ふん虫」とよばれます。日本に約360種がいます。

※ ┃──┃は実際の大きさをあらわしています。
※ 大きさマークのないものは、実物のほぼ150%です。

ダイコクコガネ 絶滅危惧種
主にウシのふんに集まり、放牧地などで見つかりますが、近年は激減しています。●コガネムシ科 ●18〜34mm ●5〜10月 ●北海道、本州、九州、屋久島

▲▼ダイコクコガネのなかまは、ウシのふんを地下にある巣の中に運び、丸く加工してふん球をつくりその中に産卵します。ふ化した幼虫は、ふん球の中で、周囲のふんを食べながら育ちます。

(静岡県産) (京都府産) (奈良県産)

センチコガネ
ふんや、くさったキノコなどに集まります。●センチコガネ科 ●12.4〜21.5mm ●3〜12月 ●北海道〜九州、屋久島

コラム ふん虫はグルメ？
ふん虫には、えさとするふんにこのみがあります。たとえば奄美大島と徳之島にすむマルダイコクコガネはアマミノクロウサギのふんをこのみます。

◀アマミノクロウサギのふんに来たマルダイコクコガネ。 珍しい

生息する場所によって色がちがう。

オオセンチコガネ
けもののふんに集まります。●センチコガネ科 ●14〜22mm ●4〜11月 ●北海道〜九州、屋久島

色のバリエーションがある。

マグソコガネ
平地から山地までにすみ、けもののふんに集まります。●コガネムシ科 ●4.9〜7.2mm ●一年中 ●北海道〜九州

色のバリエーションがある。

オオマグソコガネ
日当たりのよい草地のふんに集まります。放牧地で見つかります。●コガネムシ科 ●8.2〜12.5mm ●4〜9月 ●北海道〜九州

ムネアカセンチコガネ
草地にあなをほって、もぐっています。●ムネアカセンチコガネ科 ●9〜14mm ●5〜11月 ●北海道〜九州、屋久島

ゴホンダイコクコガネ
けもののふんに集まります。●コガネムシ科 ●10〜16mm ●4〜10月 ●北海道〜九州

ツノコガネ
山地にすみ、けもののふんに集まります。放牧地でも見つかります。●コガネムシ科 ●7〜11.3mm ●6〜10月 ●北海道〜九州

セマダラマグソコガネ
イヌのふんをこのみます。冬に多く、都会でも見つかります。●コガネムシ科 ●3.9〜6mm ●ほぼ一年中 ●北海道〜九州

オオフタホシマグソコガネ
日なたのウシやウマのふんに集まります。●コガネムシ科 ●11〜13mm ●3〜12月 ●北海道〜南西諸島

ヨツボシマグソコガネ
日なたのウシのふんに集まります。放牧地で見つかります。●コガネムシ科 ●5〜7.8mm ●4〜11月 ●北海道〜九州、屋久島

クロマルエンマコガネ
けもののふん、くさった肉や野菜にも集まります。●コガネムシ科 ●6.1〜10.2mm ●3〜12月 ●北海道〜九州

コブマルエンマコガネ
けもののふんや、くさった肉に集まります。●コガネムシ科 ●5〜10.1mm ●3〜11月 ●北海道〜南西諸島

ヒメコブスジコガネ
トリなどの死がいに集まり、羽毛や骨を食べます。●コガネムシ科 ●5.3〜7.7mm ●3〜9月 ●北海道〜九州、屋久島

Q: フンコロガシってどんな虫ですか？　A: フンコロガシは、後ろあしでふんを転がすタマオシコガネのなかまのことで、日本にはいません。

※ |—| は実際の大きさをあらわしています。
※ 大きさマークのないものは、実物のほぼ150%です。

コガネムシのなかま

日本最大の甲虫。

▲カナブンなどは、樹液を食べます。

ヤンバルテナガコガネ
絶滅危惧種
カシ類のうろの中にすんでいます。国指定の天然記念物です。■コガネムシ科 ■42〜63mm ■8〜10月 ■沖縄島（北部）

カナブン
樹液や熟した果実に集まります。■コガネムシ科 ■23〜31.5mm ■6〜9月 ■本州、四国、九州、屋久島

アオカナブン
樹液に集まります。■コガネムシ科 ■26〜29.8mm ■6〜9月 ■北海道〜九州

クロカナブン
樹液に集まります。■コガネムシ科 ■25.6〜32.6mm ■7〜9月 ■北海道〜九州、屋久島

ヒメコガネ
ブドウやマメ類などの葉を食べます。緑、青、茶など体色には大きな変異があります。■コガネムシ科 ■12〜17.5mm ■6〜9月 ■北海道〜南西諸島（奄美大島以北）

クロコガネ
明かりに来ます。■コガネムシ科 ■17〜22mm ■5〜7月 ■北海道〜九州

コガネムシ
バラやイタドリなどの葉を食べます。■コガネムシ科 ■17〜24mm ■5〜8月 ■北海道〜九州

▲コガネムシなどは、大あごで葉をかんで食べます。

マメコガネ
アメリカでは「ジャパニーズビートル」とよばれる害虫。
マメ類の害虫です。■コガネムシ科 ■9〜13.7mm ■6〜9月 ■北海道〜南西諸島

アオドウガネ
アジサイなど、いろいろな植物の葉を食べます。■コガネムシ科 ■17.5〜25mm ■6〜9月 ■本州、四国、九州、南西諸島

コフキコガネ
海岸から山地まで見られます。明かりに来ます。■コガネムシ科 ■25〜32mm ■6〜8月 ■本州

スジコガネ
針葉樹の葉を食べます。体色には変異があります。■コガネムシ科 ■14.6〜20mm ■6〜9月 ■北海道〜南西諸島（トカラ列島以北）

キンスジコガネ
山地にすみ、針葉樹の葉を食べます。■コガネムシ科 ■16〜22.2mm ■7〜9月 ■北海道〜九州

ナガチャコガネ
広葉樹の葉を食べます。■コガネムシ科 ■10〜15mm ■5〜8月 ■北海道〜九州

ドウガネブイブイ
ブドウなど、いろいろな植物の葉を食べます。■コガネムシ科 ■17〜25mm ■6〜9月 ■北海道〜南西諸島

■科 ■体長 ■成虫が見られるおもな時期 ■分布

ハナムグリ
平地に多く、いろいろな花に集まります。■コガネムシ科 ■16〜19.2mm ■4〜7月 ■北海道〜九州、屋久島

クロハナムグリ
ノリウツギなどの花に集まります。■コガネムシ科 ■12.7〜15.2mm ■5〜8月 ■北海道〜南西諸島

シロスジコガネ
砂地のある海岸などにすみます。明かりに来ます。■コガネムシ科 ■24.3〜32mm ■7〜8月 ■北海道

ヒゲコガネ
砂地のある河原などにすみます。明かりに来ます。■コガネムシ科 ■31〜39mm ■7〜8月 ■本州、四国、九州

色のバリエーションがある。

アカマダラハナムグリ
樹液に来ます。■コガネムシ科 ■15〜21.6mm ■4〜10月 ■北海道〜九州、屋久島

ヒゲブトハナムグリ
■コガネムシ科 ■7〜10mm ■5〜7月 ■本州、四国

アオアシナガハナムグリ
■コガネムシ科 ■17.6〜22.1mm ■6〜8月 ■北海道〜九州

オオトラフハナムグリ
ノリウツギなどの花に集まります。色彩に変異があります。■コガネムシ科 ■14.1〜17.2mm ■6〜8月 ■本州

鳥の巣の中から幼虫が見つかることがある。

▲アオハナムグリなどは、花の中にもぐるようにして花粉を食べます。

シロテンハナムグリ
樹液や熟した果実に集まります。花に来ることもあります。■コガネムシ科 ■18.4〜26.8mm ■4〜12月 ■本州、四国、九州、南西諸島

コアオハナムグリ
バラやクリなど、いろいろな花に集まります。■コガネムシ科 ■12.6〜15.2mm ■4〜10月 ■北海道〜九州、屋久島

甘い香りをはなつ。

シラホシハナムグリ
樹液や熟した果実に集まります。■コガネムシ科 ■20.1〜25.6mm ■4〜11月 ■本州、四国、九州、屋久島

オオチャイロハナムグリ 珍しい
大木のうろの中にすみます。■コガネムシ科 ■22〜32mm ■7〜9月 ■本州、四国、九州、屋久島

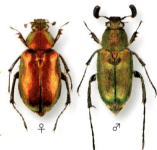

♀ ♂ ♂ ♂

オオヒゲブトハナムグリ 珍しい
高い木の花に集まります。色彩には大きな変異があります。■コガネムシ科 ■13〜17mm ■3〜4月 ■石垣島、西表島

マメ知識　カナブンやハナムグリのなかまは、カブトムシやほかのコガネムシなどと異なり、上ばねを閉じたまま、下ばねを広げて飛びます。

世界のコガネムシのなかま

ひじょうに美しい色をしたもの、体に毛や角が生えているものなど、世界にはさまざまな姿のコガネムシがいます。世界に約2万5000種がいます。

※ ┠━━┨ は実際の大きさをあらわしています。
※ 大きさマークのないものは、ほぼ実物大です。

世界最大のハナムグリのひとつ。

ゴライアスオオツノハナムグリ
アフリカの熱帯雨林にすむ世界最大のハナムグリのひとつです。オスの体長は55〜110mmで、ナイジェリアからケニアまでの地域にすみます。

ティフォンタマオシコガネ
ふんを後ろあしで転がし、だんご状にする「フンコロガシ」として知られます。ファーブルが研究した虫として有名です。体長は26〜40mmで、ヨーロッパから東アジアまでひろく分布しています。

サザナミマラガシーハナムグリ
マダガスカルにすみます。体長は25〜32mmです。

オプティマプラチナコガネ
銀色にかがやくコガネムシです。コスタリカなどにすみます。体長は28mm程度です。

アウレウスキンイロコガネ
金色にかがやくコガネムシです。明かりに来ます。オーストラリア北東部などにすみ、体長は15mm程度です。

オーベルチュール オオツノカナブン
上ばねのさざ波模様がないものもいます。オスの体長は 47～74㎜で、アフリカのタンザニア、ケニア、ウガンダなどにすみます。

ヤンソニーテナガコガネ
夜行性で、大木のうろの中で生活します。ミャンマーからベトナムにかけてと、中国南部にすみ、オスの体長は 47～75㎜です。

ライオンコガネ
頭と胸にたてがみのような毛が生えています。明かりに来ます。アフリカ南部のナミビアなどにすみ、体長は 27㎜程度です。

ケアシツノカナブン
オスの前あしにはブラシのような毛がありますが、メスにはありません。オスの体長は 24～34㎜、アフリカの東部から南部にすんでいます。

ホウィットカブト ハナムグリ
オスには頭と胸から長くのびる角があります。オスの体長は 35～38.5㎜、ボルネオ島南西部にすんでいます。

ハンミョウ、オサムシなどのなかま

ハンミョウのくらし

ハンミョウは、長いあしを器用に動かし、とても速く走ることができます。幼虫は地面にほったあなの中で育ち、そこでさなぎになり、羽化すると地上にでて歩きまわります。

宝石みたいだけど、凶暴なやつ

ハンミョウは成虫も幼虫も肉食です。すばやく地面を動きまわり、その巨大なあごでハエやアリ、ミミズなどをとらえて食べます。

▲虫をとらえたハンミョウの成虫。

▼アリをとらえたハンミョウの幼虫。

▲巣あなに身をかくすハンミョウの幼虫。

幼虫は、まちぶせをする

幼虫は巣あなに体を引っこめて獲物が通りかかるのをじっと待ちます。獲物が近づくとあなからいきおいよく飛び出し、獲物を巣あなに引きずりこんで食べます。

オサムシ、ゴミムシのくらし

オサムシやゴミムシのなかまの多くは、後ろばねが退化していて飛ぶことができません。幼虫も成虫も肉食で、生きた虫などのほか、死がいなどを食べます。

◀カタツムリのからに頭をつっこんでいるマイマイカブリの成虫。

▲カタツムリを食べるマイマイカブリの幼虫。

幼虫も成虫もカタツムリを食べる

マイマイカブリの食べものは、おもにカタツムリです。カタツムリのからの中に細長い頭をつっこむようにして、やわらかい肉だけを食べてしまいます。幼虫も、体全体をからの中に入れて、器用にカタツムリを食べます。

高温のガスを噴射して身を守る

別名「へっぴり虫」ともよばれるミイデラゴミムシは、危険を感じるとブッという音とともに、おしりから100℃以上にもなるガスを噴射します。これは体の中にためてある2種類の物質を噴射の瞬間にまぜ合わせ、化学反応を起こすもので、ミイデラゴミムシ自身はやけどをすることはありません。

▶ガスを噴射するミイデラゴミムシ。

ヒトの指

※危ないので、まねをしないでください。

ハンミョウ、オサムシなどのなかま

ハンミョウのなかまは、長いあしと発達した大あごをもち、カラフルな体色をしています。オサムシやゴミムシのなかまは、黒っぽい体をした種類が多いですが、なかには金属のような光沢をもつものもいます。

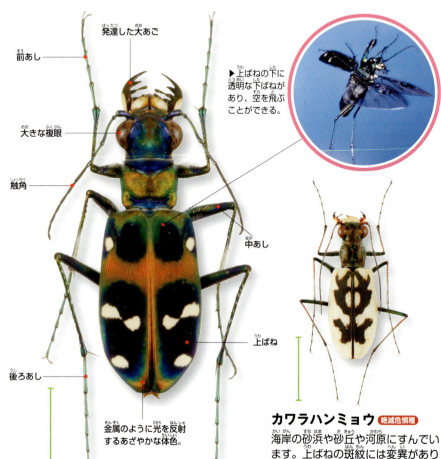

- 発達した大あご
- 前あし
- 大きな複眼
- 触角
- ▶上ばねの下に透明な下ばねがあり、空を飛ぶことができる。
- 中あし
- 上ばね
- 後ろあし
- 金属のように光を反射するあざやかな体色。

※ ⊢──┤ は実際の大きさをあらわしています。
※ 大きさマークのないものは、ほぼ実物大です。

カワラゴミムシ
河原や川辺の砂地にすみ、明かりに集まります。■カワラゴミムシ科 ■5.5～6.5mm ■北海道～九州

ナガヒラタムシ
同じなかまが2億年前に現れた、もっとも原始的な甲虫です。■ナガヒラタムシ科 ■9～17mm ■北海道～九州

ホソセスジムシ
ブナなどの樹皮の下やくち木の中で生活しています。■セスジムシ科 ■5.5～6.1mm ■北海道～九州

ハンミョウ
山道などでヒトが歩くと前方へ飛ぶ習性があり、「道教え」ともよばれます。■ハンミョウ科 ■18～20mm ■本州、四国、九州、沖縄島

カワラハンミョウ（絶滅危惧種）
海岸の砂浜や砂丘や河原にすんでいます。上ばねの斑紋には変異があります。■ハンミョウ科 ■14～17mm ■北海道～九州

クロオビヒゲブトオサムシ（珍しい）
くち木にあるアリの巣に寄生します。■ヒゲブトオサムシ科 ■4.7mm ■四国、九州

ルイスハンミョウ（絶滅危惧種）
河口の砂地にすんでいます。■ハンミョウ科 ■15～18mm ■本州（中部地方以西）、四国、九州

タテスジハンミョウ
畑や海辺で見られ、明かりにも集まります。■ハンミョウ科 ■11～13mm ■沖縄島、石垣島、西表島

トウキョウヒメハンミョウ
関東地方周辺では市街地でふつうに見られます。■ハンミョウ科 ■9～10mm ■本州、九州、沖縄島

ヤエヤマクビナガハンミョウ
森の中などで下草の葉にとまっています。■ハンミョウ科 ■10～13mm ■石垣島、西表島、与那国島

オガサワラハンミョウ（絶滅危惧種）
現在、世界中で小笠原諸島の兄島だけに見られ、保護活動が進められています。■ハンミョウ科 ■10～13mm ■小笠原諸島（兄島）

ニワハンミョウ
緑色から銅色、黒まで色彩に変異があります。地面を歩いています。■ハンミョウ科 ■15～19mm ■北海道～九州

■科 ■体長 ■成虫が見られるおもな時期 ■分布

大あご

長い首をカタツムリのからにつっこむ。

2枚の上ばねがくっついており、開くことができない。

（長崎県福江島産）　（栃木県産）　（青森県産）
　　　　　　　（亜種ヒメマイマイカブリ）（亜種キタマイマイカブリ）

マイマイカブリ
カタツムリをおそって食べ、成虫で越冬します。地域によって7〜8の亜種に分けられています。🟢オサムシ科 🔵32〜69.5mm 🔴初夏から秋に活動 🟠北海道〜九州

（亜種イブシキンオサムシ）　（亜種テシオキンオサムシ）

アイヌキンオサムシ 珍しい
森の中でカタツムリなどをおそって食べます。地域によって上ばねの凹凸や体色に大きな変異があります。🟢オサムシ科 🔵19〜29mm 🔴夏から秋に活動 🟠北海道

エゾカタビロオサムシ
ほかの昆虫の幼虫などを食べます。後ろばねがあって飛ぶことができます。🟢オサムシ科 🔵23〜31mm 🔴春から秋に活動 🟠北海道〜南西諸島（沖縄島以北）

セダカオサムシ
森の中の石や倒木の下にいて、小型のカタツムリを食べます。🟢オサムシ科 🔵11〜17mm 🔴初夏から秋に活動 🟠北海道、本州（岩手県）

クロオサムシ

ミミズなどを食べます。成虫で越冬します。🟢オサムシ科 🔵17〜26mm 🔴春から秋に活動 🟠北海道、本州（中部地方以北）

ヤコンオサムシ

地上を歩いてミミズなどを食べます。🟢オサムシ科 🔵24〜33mm 🟠本州（近畿地方以西）、四国（北部）

マークオサムシ 絶滅危惧種

田んぼや湿地帯にすみ、貝やミミズなどを食べます。🟢オサムシ科 🔵25〜32mm 🔴初夏から秋に活動 🟠本州（東北地方）

クロカタビロオサムシ

ガの幼虫をこのんで食べ、下ばねがあって飛びます。土の中で越冬します。🟢オサムシ科 🔵22〜31mm 🔴初夏から秋に活動 🟠北海道〜九州

クロナガオサムシ

森の中の地面を歩いて獲物をさがします。くち木や土の中で越冬します。🟢オサムシ科 🔵25〜34mm 🔴夏から秋に活動 🟠本州、九州

オオルリオサムシ

森の中を歩きまわり、カタツムリなどを食べます。地域によって上ばねの凹凸や体色に大きな変異があります。🟢オサムシ科 🔵23〜35mm 🔴春から秋に活動 🟠北海道

オオオサムシ

ミミズなどを食べます。成虫で越冬します。🟢オサムシ科 🔵23〜38mm 🔴初夏から秋に活動 🟠本州（中部地方以西）、四国（東部）、九州

ツシマカブリモドキ

カタツムリやミミズをおそって食べます。成虫で越冬します。🟢オサムシ科 🔵29〜45mm 🔴初夏から秋に活動 🟠対馬

アオオサムシ
下ばねが退化してなくなっており、飛べない。
平地から山地まで見られます。成虫で越冬します。🟢オサムシ科 🔵22〜32mm 🔴春から秋に活動 🟠本州（関東地方以北）

Q&A Q：ハンミョウの名前の由来は？　A：「斑猫」と書き、背中にまだら模様があり、獲物をとらえるしぐさがネコに似ているのでつけられたといわれます。　43

※ ├──┤ は実際の大きさをあらわしています。
※ 大きさマークのないものは、ほぼ実物大です。

ハンミョウ、オサムシなどのなかま

オサムシモドキ
海岸や河原などの砂地にすみます。■オサムシ科 ■20〜24mm ■北海道〜九州

オオゴモクムシ
野原や水辺などにすみます。■オサムシ科 ■17〜24mm ■北海道〜九州

スジアオゴミムシ
森の中や川辺などにすみ、土の中で越冬します。■オサムシ科 ■22〜23mm ■北海道〜南西諸島

ムラサキオオゴミムシ
山地の森にいます。■オサムシ科 ■18.5〜20.5mm ■本州、四国、九州

オオヨツボシゴミムシ
アシのしげった湿地などにすみ、石の下などで越冬します。■オサムシ科 ■17〜19mm ■本州、四国、九州、南西諸島

オオキベリアオゴミムシ
水辺の石の下などで見つかります。幼虫は好んでカエルを食べます。■オサムシ科 ■19.5〜22mm ■北海道〜南西諸島

オオヒョウタンゴミムシ
海岸や河原の砂地に深いあなをほってすみます。■オサムシ科 ■30〜43mm ■本州、四国、九州

アオゴミムシ
水辺に多く、くち木の中などで、ときに集団で越冬します。■オサムシ科 ■13.5〜14.5mm ■北海道〜九州

オオトックリゴミムシ
池の周辺や湿地にいて、水辺の土の中で越冬します。■オサムシ科 ■12〜13.2mm ■本州、九州

敵におそわれると、高温のガスを噴射する。

ジュウジアトキリゴミムシ
木の上や、カエデの花などに集まります。■オサムシ科 ■5.5〜6.5mm ■北海道〜九州

キノコゴミムシ
倒木に生えたキノコや樹液に集まります。■オサムシ科 ■13〜15mm ■北海道〜九州

ヤホシゴミムシ
木の上にいます。■オサムシ科 ■10〜12.5mm ■北海道〜南西諸島

ミイデラゴミムシ
■ホソクビゴミムシ科 ■11〜18mm ■北海道〜九州、トカラ列島、奄美大島

■科 ■体長 ■成虫が見られるおもな時期 ■分布

世界のハンミョウ、オサムシのなかま

ハンミョウのなかまは世界で約2500種、オサムシ、ゴミムシのなかまは約4万種が知られています。すべて肉食で、おもに地面を歩きまわって生活しています。

イボカブリモドキ
上ばねにこぶのような突起が並んでいます。中国南部にすみ、体長は32〜48mmです。

バイオリンムシ
バイオリンのような形のゴミムシのなかまです。体はとてもうすく、かたいキノコのうらにいます。マレーシアとインドネシアの熱帯雨林にすみ、体長は60〜80mmです。

コガネオサムシ
ヨーロッパの中部、フランスやドイツの山にすんでいます。体長は17〜34mmです。

チリオサムシ
南アメリカのチリの山にすみ、地域によって色彩が変化します。体長は25mm前後です。

オオエンマハンミョウ
飛ぶことはできず、地面を歩いて獲物をとります。きわめてどうもうで、ネズミをおそうことさえあります。体長は60mmにもなり、アフリカの東部から南部にすんでいます。

シデムシ、ハネカクシなどのなかま

シデムシのなかまは、幼虫も成虫もおもに動物や虫などの死がいや、くさったキノコなどを食べます。一部の種類では、親が子どもに口うつしで食べものをあたえます。ハネカクシのなかまは、上ばねが短く、下ばねは折りたたまれて上ばねの下にしまわれているため、はねをかくしているように見えます。

※大きさマークのないものは、実物のほぼ200%です。

コクロシデムシ
動物の死がいに集まります。●シデムシ科 ●8〜15mm ●春〜秋 ●北海道〜九州

▲死がいに集まるクロシデムシ

クロシデムシ
動物の死がいに集まります。●シデムシ科 ●25〜45mm ●春〜秋 ●北海道〜九州

ヨツボシモンシデムシ
動物の死がいに集まります。●シデムシ科 ●13〜21mm ●春〜秋 ●北海道〜九州、屋久島

ベッコウヒラタシデムシ
動物の死がいに集まります。●シデムシ科 ●17〜22mm ●春〜秋 ●本州、四国

オオモモブトシデムシ
動物の死がいに集まります。明かりにも来ます。●シデムシ科 ●15〜28mm ●春〜秋 ●北海道〜南西諸島（沖縄島以北）

ヨツボシヒラタシデムシ
木の上にすみ、ガの幼虫などをおそって食べます。●10〜15mm ●6〜8月 ●北海道〜九州

オオヒラタシデムシ
動物やミミズの死がい、ごみに集まります。●シデムシ科 ●18〜23mm ●春〜秋 ●北海道〜九州

オオヒラタエンマムシ
たおれた木の樹皮の下にひそんでいます。●エンマムシ科 ●8〜11.3mm ●春〜秋 ●北海道〜九州

ルリエンマムシ
死がいやふんに集まりハエの幼虫を食べます。●エンマムシ科 ●5.2〜7.7mm ●春〜秋 ●北海道〜南西諸島

エンマムシモドキ
かれ木にすみ、ほかの昆虫を食べます。●エンマムシモドキ科 ●12〜15mm ●北海道〜九州

体液には毒があり、皮ふにつくとかぶれます。

シラオビシデムシモドキ
ミズキなどに生えるやわらかいキノコに集まります。●ハネカクシ科 ●9.5〜10mm ●春〜秋 ●北海道〜九州

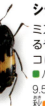

クロツヤハネカクシ
くち木の中で見つかります。●ハネカクシ科 ●10.5〜13.5mm ●本州、四国、九州

アリガタハネカクシ
山地で森の中の草にとまっています。●ハネカクシ科 ●10〜12mm ●春〜秋 ●本州（中部地方以北）

アオバアリガタハネカクシ
石の下などで見つかります。●ハネカクシ科 ●6.5〜7mm ●一年中 ●北海道〜南西諸島

アカバハネカクシ
動物の死がいやふんに集まります。●ハネカクシ科 ●15〜19mm ●4〜10月 ●北海道〜九州

オオキバハネカクシ
キノコに集まります。●ハネカクシ科 ●9.4〜12mm ●春〜秋 ●北海道〜九州

アシナガアリヅカムシ
落ち葉の下から見つかります。●ハネカクシ科 ●3.5〜3.7mm ●本州

エグリデオキノコムシ
くち木に生えたキノコに集まります。●ハネカクシ科 ●6.5〜7mm ●春〜秋 ●北海道〜九州

ツノクロツヤムシ
ブナなどのくち木の中でくらしています。●クロツヤムシ科 ●14〜20mm ●一年中 ●四国、九州

マメ知識　モンシデムシのなかまは、子育てをします。動物の死がいなどを丸めてつくった肉だんごを、幼虫に口うつしであたえます。

▼魚をおそうゲンゴロウ。

ゲンゴロウ、ガムシ、ミズスマシなどのなかま

ゲンゴロウ、ガムシ、ミズスマシのくらし

ゲンゴロウやガムシ、ミズスマシは、水辺にすむ甲虫のなかまです。ゲンゴロウやガムシは幼虫も成虫も水の中にすみ、その体は泳ぐのに適した形になっています。ミズスマシの成虫はおなかを水につけ、水面をすべるように進みます。幼虫はえらという器官をもち、水の中で呼吸することができます。

それぞれの食べもの

ゲンゴロウは幼虫も成虫も肉食で、水の中にすむ魚や虫などをとらえて食べます。ガムシは、幼虫は小さな虫などを食べますが、成虫はおもに水草などの植物や、死んだ虫などを食べます。ミズスマシは、幼虫も成虫も生きた虫を食べます。

▲水草を食べるガムシ。

▲水面に落ちたバッタの幼虫をとらえたオオミズスマシ。

酸素ボンベで水中呼吸

　ゲンゴロウやガムシは、水の中で呼吸をすることができません。そのため、ときおり水面に出てきて空気を取り入れなくてはなりません。ガムシは頭部を、ゲンゴロウは腹部の先を水面からつき出して空気を取り入れ、はねの下に空気をためておくことで、長時間、水中で活動することができます。

▲水面から頭をつき出して呼吸するガムシ。

▲腹部の先端から空気を取り入れるゲンゴロウ。

幼虫は「田んぼのムカデ」、土の中でさなぎになる

　ゲンゴロウの幼虫は「田んぼのムカデ」などとよばれ、細長い姿をしており、ひじょうにどうもうです。大きなあごで獲物にかみつき、あごから毒を出して獲物をまひさせてしまいます。人をかむこともあり、危険なので注意が必要です。成長した幼虫は陸にあがり、土の中でさなぎになり、羽化します。

▲水底を歩くゲンゴロウの幼虫。

▲土の中のゲンゴロウのさなぎ。

▲オタマジャクシをとらえたゲンゴロウの幼虫。

▲羽化したばかりのゲンゴロウの成虫。

ゲンゴロウ、ガムシ、ミズスマシなどのなかま

※ ├──┤は実際の大きさをあらわしています。
※ 大きさマークのないものは、ほぼ実物大です。

ゲンゴロウのなかまは、細かい毛が生えた後ろあしを同時に動かして、すばやく泳ぐことができます。ガムシは後ろあしと中あしを交互に動かして泳ぎますが、あまり速く泳ぐことはできません。ミズスマシはおなかで水面に浮かび、平たい後ろあしと中あしを回転させて、高速で移動します。

▶オスの前あしは、交尾のときにメスをつかまえるために吸ばん状になっている。

ゲンゴロウ
水中で生活し、死んだ魚やカエルなどを食べます。■ゲンゴロウ科 ■36〜39mm ■北海道〜九州

シマゲンゴロウ
池や田んぼで見られます。明かりに集まります。■ゲンゴロウ科 ■13〜14mm ■北海道〜九州、トカラ列島

シャープゲンゴロウモドキ 〈絶滅危惧種〉
限られた地域だけにすむめずらしい種類です。■ゲンゴロウ科 ■30〜33mm ■本州、佐渡島

ハイイロゲンゴロウ
池や水たまりで見つかります。明かりに集まります。■ゲンゴロウ科 ■12〜14mm ■本州、四国、九州、南西諸島

ガムシ
植物の多い池にすみます。明かりに集まります。■ガムシ科 ■33〜40mm ■北海道〜九州

メススジゲンゴロウ 〈珍しい〉
メスの上ばねに4本のみぞがありますが、オスにはありません。高山の池にすみます。■ゲンゴロウ科 ■15〜17mm ■北海道、本州（中部地方以北）

ヒメガムシ

池や沼にいます。明かりに集まります。■ガムシ科 ■9〜11mm ■本州、四国、九州、南西諸島

コガタガムシ

池や沼にいます。明かりに集まります。■ガムシ科 ■23〜28mm ■本州、四国、九州、南西諸島

▲後ろあしの細かい毛が水をかくので、とても速く泳ぐことができる。

ミズスマシ
池や、流れのゆるやかな川にすみます。水面に落ちた昆虫などを食べます。■ミズスマシ科 ■6〜7.5mm ■北海道〜九州

▲ミズスマシには空中を見る用と水中を見る用の左右2つずつ、計4つの目がある。

オオミズスマシ

流れのない水面で見られます。■ミズスマシ科 ■7〜12mm ■北海道〜南西諸島

コガシラミズムシ

水生植物の多い池や沼にすみます。明かりにも来ます。■コガシラミズムシ科 ■3.1〜3.6mm ■北海道〜九州

■科 ■体長 ■分布

水にすむ昆虫たち

甲虫のなかまのゲンゴロウやガムシ、カメムシのなかまのアメンボやタガメなど、昆虫のなかには水上や水中にすむものがいます。また、トンボや一部のホタル、カゲロウのなかまのように、幼虫のときだけ水の中にすむものもいます。これらのなかまは、水上や水中で生活するのに適した体をもっています。

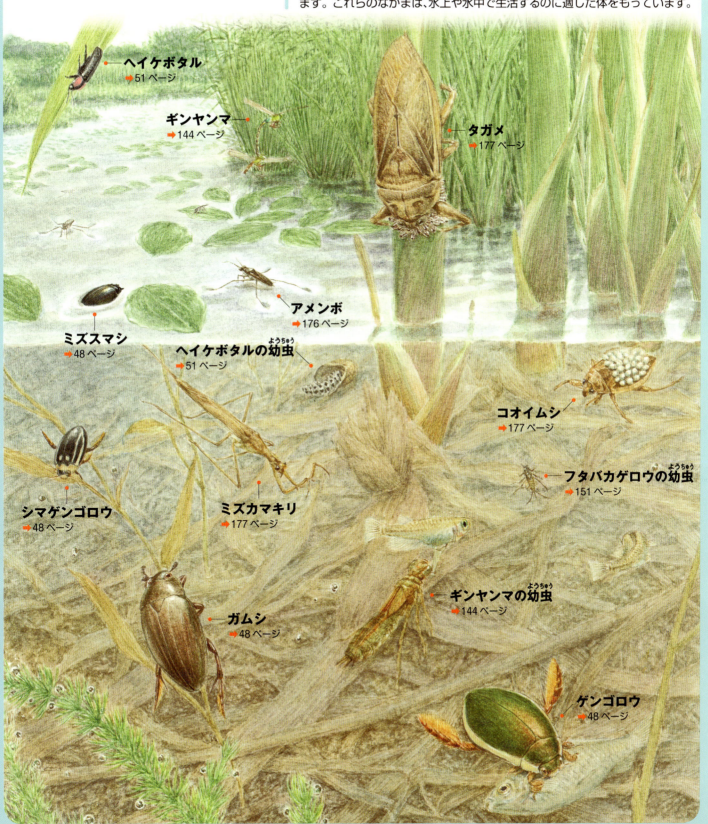

ホタルのなかま

ホタルのくらし

ホタルのなかまの多くは、腹部に発光器をもち、光を発します。成虫では光る種類と光らない種類がありますが、幼虫はすべて光ります。日本では46種類ほどが知られています。ゲンジボタルやヘイケボタルの幼虫は水中でくらしますが、ほとんどの種類は幼虫のときに陸上で生活します。

▲腹部にある発光器で光る、ゲンジボタルの成虫。

▼腹部の先端に一対の発光器をもつ、ゲンジボタルの幼虫。
▲集まって発光する、ゲンジボタルの成虫。
▲地中で発光するさなぎ。

幼虫やさなぎも光る

ゲンジボタルやヘイケボタルは、卵、幼虫、さなぎ、成虫のすべてが発光します。

光を点滅させて求愛する

成虫の発光は、オスとメスが出会うための信号として使われています。暗い夜に、オスとメスが光をたよりにおたがいをさがし、交尾をします。光の強さや発光の間隔は種類ごとに決まっていて、それぞれ目当ての相手を見つけることができます。

▲光を発しながらみだれ飛ぶ、ゲンジボタルの成虫。

▼体から毒を出して身を守る、ゲンジボタルの幼虫。

▲カワニナを食べる、ゲンジボタルの幼虫。

幼虫は貝などをおそうハンター
ゲンジボタルの幼虫は水の中にすみ、カワニナなどの巻き貝をとらえて食べます。

ホタルのなかま

ホタルのなかまは、甲虫のなかではやわらかい体をしています。幼虫のときは肉食で、カワニナやカタツムリなどの貝やヤスデ、ミミズなどをおそって食べますが、成虫になると多くの種類が水を飲む以外はなにも食べません。

■体長 ■成虫が見られるおもな時期 ■分布

※ ├──┤ は実際の大きさをあらわしています。
※ 大きさマークのないものは、実物のほぼ200%です。
※このページで紹介しているものは、すべてホタル科です。

ゲンジボタル
幼虫は流れのあるきれいな水の中にすみ、カワニナ類を食べます。卵から成虫まで発光します。
■10〜16mm ■5〜7月 ■本州、四国、九州

オオマドボタル 珍しい
山地で見つかります。メスにははねがありません。■9〜12mm ■6〜8月 ■本州（静岡県以西）、四国、九州

オバボタル
草の上で見つかります。■7〜12mm ■4〜8月 ■北海道〜九州

キイロスジボタル
成虫は光りながら森の中を飛びます。■5.8〜7mm ■4〜11月 ■南西諸島（トカラ列島中之島以南）

ヘイケボタル
幼虫は水田や池の中にすみ、モノアラガイ類を食べます。卵から成虫まで発光します。
■7〜10mm ■4〜10月 ■北海道〜九州

ヒメボタル
幼虫は陸にすみます。幼虫も成虫も発光します。メスは、はねが退化していて飛べません。
■5.5〜9.6mm ■6〜7月 ■本州、四国、九州

コラム 幼虫みたいなメス
ホタルのなかまのうち、マドボタルなどいくつかの種類では、成虫のオスとメスの外見が大きくちがいます。オスはいわゆるホタルらしい姿をしていますが、メスははねが完全に退化し、幼虫をそのまま大きくしたような姿です。飛ぶことができないため、オスが飛んでくるのを待って交尾します。

▲交尾をする、サキシママドボタル。

Q: ホタルには毒があるのですか？　A: あります。ホタルのなかまの多くは体内に毒をもち、鳥も食べません。

タマムシ、コメツキムシ、ジョウカイボンなどのなかま

タマムシのなかまは、金属のように光を反射するあざやかな色の体が特ちょうです。コメツキムシのなかまはひっくり返すと、頭と胸のあいだの関節を折り曲げ、それを地面にたたきつけて高くジャンプし、元にもどります。ジョウカイボンのなかまはやわらかい体をしています。

※ ┠─┨は実際の大きさをあらわしています。
※ 大きさマークのないものは、実物のほぼ150%です。

タマムシ
エノキやケヤキなどの木に集まり産卵します。■タマムシ科 ■25～40mm ■7～8月 ■本州、四国、九州、南西諸島（沖縄島以北）

クロタマムシ
マツやモミなどの針葉樹に集まります。■タマムシ科 ■11～22mm ■6～9月 ■北海道～南西諸島

ウバタマムシ
（本州産）（奄美大島産）（亜種アオウバタマムシ）
かれたマツ類に集まり産卵します。■タマムシ科 ■24～40mm ■5～8月 ■本州、四国、九州、南西諸島、小笠原諸島

オガサワラタマムシ
ムニンエノキに集まります。国の天然記念物に指定されています。■タマムシ科 ■22～35mm ■6～8月 ■小笠原諸島

ムツボシタマムシ
いろいろな種類のかれた樹木に集まります。■タマムシ科 ■7～12mm ■5～8月 ■北海道～九州、屋久島

キンヘリタマムシ
ハルニレに集まります。■タマムシ科 ■8～13mm ■6～8月 ■北海道、本州、九州

マスダクロホシタマムシ
スギやヒノキのかれ木に産卵します。■タマムシ科 ■6～13mm ■本州、四国、九州、屋久島

シロオビナカボソタマムシ
キイチゴ類の葉の上にいます。■タマムシ科 ■5～9mm ■4～7月 ■本州

クロナガタマムシ
ミズナラやクヌギにつきます。■タマムシ科 ■11.5～15.5mm ■5～7月 ■北海道～九州

アオマダラタマムシ 珍しい
モチノキ類に産卵します。■タマムシ科 ■16～29mm ■6～7月 ■本州（関東地方以南）、四国、九州

シラホシナガタマムシ
エノキにつきます。■タマムシ科 ■9.5～13.2mm ■5～8月 ■本州～九州

ハイイロヒラタチビタマムシ
クヌギやカシ類の葉を食べます。■タマムシ科 ■2.3～3mm ■四国、九州

ナミガタチビタマムシ
エノキやムクノキなどの葉を食べます。■タマムシ科 ■3.4～4.1mm ■北海道、本州

ミドリナカボソタマムシ
アカメガシワの葉にとまっています。■タマムシ科 ■8～12mm ■5～8月 ■南西諸島（奄美大島以南）

■科 ■体長 ■成虫が見られるおもな時期 ■分布

ウバタマコメツキ
マツのかれ木に集まります。●コメツキムシ科●22〜30mm●本州、四国、九州、南西諸島

▲ジャンプするウバタマコメツキの連続写真。

ダイミョウコメツキ
早春のカエデの花などに集まります。●コメツキムシ科●9.5〜13mm●4〜6月●北海道〜九州

オオナガコメツキ
明かりによく集まります。●コメツキムシ科●23〜30mm●北海道〜南西諸島

オオクシヒゲコメツキ
樹液に集まり、明かりにも来ます。●コメツキムシ科●22〜35mm●北海道〜南西諸島

ヒゲコメツキ
葉の上にいて、小さな虫などを食べます。●コメツキムシ科●21〜27mm●本州、四国、九州

ノブオオオアオコメツキ
日中、タマムシのようによく飛びます。●コメツキムシ科●32mm●6〜8月●与那国島

サビキコリ
林やその周辺の葉の上で、ふつうに見られます。●コメツキムシ科●12〜16mm●4〜11月●北海道〜九州、屋久島

ヒメアオツヤハダコメツキ
山地の森にすみ葉の上などで見つかります。●コメツキムシ科●9〜11mm●6〜8月●北海道、本州

コガネコメツキ
本州では高い山にすみます。●コメツキムシ科●13〜16mm●北海道、本州（中部地方以北）

クチキクシヒゲムシ
木の幹にとまっているものが見つかっています。●クシヒゲムシ科●10〜21mm●6〜7月●北海道〜九州

ベニボタル
山地に多く、花や葉の上で見つかります。ベニボタルのなかまの体液はいやなにおいがするので、トリに食べられません。●ベニボタル科●8.5〜14.3mm●5〜8月●北海道〜九州

クシヒゲベニボタル
山地の花や葉の上で見つかります。●ベニボタル科●10〜16.5mm●6〜8月●北海道〜九州

ジョウカイボン
葉の上にいて、ほかの虫をおそって食べます。●ジョウカイボン科●14〜18mm●北海道〜九州

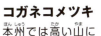

キンイロジョウカイ
花に集まり、ほかの虫を食べます。●ジョウカイボン科●20〜24mm●本州（関東地方以西）、四国、九州

アオジョウカイ
葉の上にいて、ほかの虫をおそって食べます。●ジョウカイボン科●14〜20mm●北海道、本州、四国

 コメツキムシのなかまのジャンプの高さは、体長の10倍以上にもなることがあります。

※ ├──┤ は実際の大きさをあらわしています。
※ 大きさマークのないものは、実物のほぼ150％です。

タマムシ、コメツキムシ、ジョウカイボンなどのなかま

▲ヒメマルカツオブシムシの幼虫。

ヒメマルカツオブシムシ
屋内で衣服を食べてしまう害虫です。野外では花にも集まります。世界中にいます。🟩カツオブシムシ科 🟥2～3.2mm 🟦北海道～南西諸島

アカオビカツオブシムシ
毛皮などを食べる害虫です。🟩カツオブシムシ科 🟥6.8～8mm 🟦北海道、本州

タバコシバンムシ
乾燥した食品を食べる害虫です。しばしば大発生します。🟩シバンムシ科 🟥1.7～3.1mm 🟦北海道～南西諸島

ナガヒョウホンムシ
穀物を食べる害虫です。屋内でも見つかります。🟩ヒョウホンムシ科 🟥2.7～5mm 🟦北海道～九州

ルリヒラタムシ
うすい体をしており、かれた木の樹皮の下にいます。🟩ヒラタムシ科 🟥20～27mm 🟦6～8月 🟧北海道～九州

ベニヒラタムシ
かれた木の樹皮の下にいます。🟩ヒラタムシ科 🟥10～15mm 🟦6～8月 🟧北海道～九州

オオコクヌスト
マツの樹皮の下にすみ、キクイムシを食べます。🟩コクヌスト科 🟥12～19mm 🟦北海道～九州

ムネアカアリモドキカッコウムシ
まきやたおれた木の上で見つかります。キクイムシなどを襲って食べます。🟩カッコウムシ科 🟥7.5～9mm 🟦北海道、本州

ツマグロツツカッコウムシ
肉食性で、ほかの虫をおそって食べます。🟩カッコウムシ科 🟥5～8mm 🟦本州、四国、九州、南西諸島

ヨツボシケシキスイ
クヌギやコナラの樹液に集まります。🟩ケシキスイ科 🟥10～14mm 🟦5～9月 🟧北海道～九州

ムナビロオオキスイ
クヌギやコナラの樹液に集まります。🟩オオキスイムシ科 🟥13～13.5mm 🟦5～9月 🟧本州、四国、九州

ツマグロツツシンクイ
山地の広葉樹の枯れ木に集まります。🟩ツツシンクイ科 🟥7～18mm 🟦6～8月 🟧北海道～九州

ニホンホホビロコメツキモドキ
メスは頭の形が左右で異なっている、ふしぎな虫です。メダケに集まります。🟩コメツキモドキ科 🟥8～23mm 🟦5～8月 🟧本州、四国、九州、トカラ列島中之島 ♀

カタモンオオキノコムシ
かれた木に生えたキノコに集まります。🟩オオキノコムシ科 🟥5～7.5mm 🟦5～10月 🟧本州、四国、九州

▼キノコに集まるオオキノコムシ。

オオキノコムシ
山地で、ブナなどのかれ木に生えたキノコに集まります。🟩オオキノコムシ科 🟥16～36mm 🟦6～8月 🟧北海道～九州

ベニモンチビオオキノコムシ
かれ木に生えたキノコに集まります。🟩オオキノコムシ科 🟥3.5～5mm 🟦5～10月 🟧本州、四国、九州

ヨツボシオオキノコムシ
ブナなどのかれ木に生えたキノコに集まります。🟩オオキノコムシ科 🟥4.3～8.5mm 🟦5～10月 🟧北海道～九州

タイワンオオテントウダマシ
まきやくち木にいて、菌類を食べます。🟩テントウムシダマシ科 🟥10～12mm 🟧対馬

ヨツボシテントウダマシ
草むらの石の下などで見つかり、菌類を食べます。成虫で越冬します。🟩テントウムシダマシ科 🟥4.5～5mm 🟦一年中 🟧本州、四国、九州

🟩科 🟥体長 🟦成虫が見られるおもな時期 🟧分布

世界のホタル、タマムシなどのなかま

ホタルやタマムシなどのなかまは種類が多く、世界中にすんでいます。ひじょうにカラフルな姿をしたタマムシや、一本の木に集まっていっせいに光るホタルなど、その特ちょうもさまざまです。

※このページでとりあげているものは、ほぼ実物大です。

オビモンハデルリタマムシ
マレー半島の熱帯雨林にすむ美しいタマムシです。体長は27～45mmです。

オオルリタマムシ
75mmにもなる世界最大のタマムシです。ネパールからスンダランド、フィリピンの熱帯雨林などにすんでいます。

オオタマムシ
中央アメリカと南アメリカにすむ大型のタマムシで、体長は46～67mmです。

クロモンベニオウサマムカシタマムシ
オーストラリアのクイーンズランド州北部にすみ、体長は35mmほどです。

ヒカリコメツキ
中央アメリカと南アメリカにすみます。胸に発光器をもち、明るく光ります。幼虫がシロアリの塚にあなをあけて中にひそみ、光って虫をさそい、獲物を大あごでとらえて食べるものがいます。

ホタルの木
東南アジアの熱帯雨林などで、多数のホタルが一本の木に集まり、タイミングをあわせていっせいに明滅するようすが見られます。写真は、体長7mmほどのムナキキベリボタルの集団明滅です。

▲ムナキキベリボタルの集団明滅。

▲ムナキキベリボタル。

テントウムシのくらし

テントウムシのなかまは、種類によって食べるものが決まっており、おもにアブラムシやカイガラムシなどを食べる肉食性のものと、植物の葉を食べる草食性のものがいます。敵におそわれると、あしの関節から強いにおいと苦い味の液を出したり、死んだふりをして身を守ります。

テントウムシのなかま

▶アブラムシを食べるナナホシテントウの成虫。

食べものはアブラムシ

ナナホシテントウやナミテントウは、アブラムシを食べます。アブラムシは農作物に被害をあたえる害虫でもあるため、それを食べる種類のテントウムシは益虫(役に立つ虫)とされます。

▶集団で越冬するナミテントウの成虫。

集団で越冬する

テントウムシの多くは、成虫の状態で越冬します。石やたおれた木、家屋の縁の下などに集まり、集団で冬の寒さにたえます。

▲卵を産みつけるナナホシテントウのメス。

▼いっせいにふ化するナナホシテントウの幼虫。

幼虫の食べものもアブラムシ

交尾を終えたテントウムシのメスは、葉の裏などに数十個の卵を産みつけ、時期がくると卵はいっせいにふ化します。テントウムシの幼虫は、全体にとげが生えた、成虫とはまったく似ていない姿をしています。ナナホシテントウの幼虫は、ふ化するとすぐにアブラムシを食べはじめます。

▲アブラムシをおそう、ナナホシテントウの幼虫。

さなぎから成虫へ

テントウムシは、植物の葉の上などでさなぎになります。羽化したばかりのナナホシテントウはあざやかな黄色い体をしていますが、やがて特ちょう的な模様がうきでてきます。

▼ナナホシテントウの羽化のようす。

テントウムシのなかま

テントウムシのなかまは、丸っこい体をしており、あしや触角はあまり長くありません。赤や黄色の体にさまざまな模様があり、目立つ外見をしています。多くの種類ではアブラムシやカイガラムシなどを食べますが、葉っぱを食べる種類もいます。

※ ├──┤ は実際の大きさをあらわしています。
※ 大きさマークのないものは、実物のほぼ200%です。

上ばねの模様にさまざまな変異がある。

敵におそわれると、あしの関節から苦い液を出す。

ナナホシテントウ
アブラムシをおそって食べます。■テントウムシ科 ■5～8.6mm ■4月～ ■北海道～南西諸島

ナミテントウ（テントウムシ）
アブラムシをおそって食べます。■テントウムシ科 ■4.7～8.2mm ■4月～北海道～九州

キイロテントウ
植物につくカビを食べます。ふつうに見られます。■テントウムシ科 ■3.5～5.1mm ■4月～ ■本州、四国、九州、南西諸島

カメノコテントウ
クルミハムシの幼虫を食べます。■テントウムシ科 ■8～11.7mm ■4月～ ■北海道～九州

ウンモンテントウ
山地で見つかります。■テントウムシ科 ■6.7～8.5mm ■4月～北海道～九州

ジュウサンホシテントウ
河川敷や湿地の草原で見つかります。アブラムシを食べます。■テントウムシ科 ■8mm ■4～10月 ■北海道～九州

オオニジュウヤホシテントウ
ジャガイモの葉を食べる害虫です。■テントウムシ科 ■6.6～8.2mm ■4～10月 ■北海道～九州

ムーアシロホシテントウ
ケヤキなどにつくアブラムシを食べます。■テントウムシ科 ■4.4～6mm ■4月～ ■北海道～九州、奄美大島

ゴミムシダマシ、ハナノミ、ツチハンミョウなどのなかま

ゴミムシダマシのなかまは、さまざまな体つきをしており、さわるといやなにおいがします。ハナノミのなかまは、腹部の先が長くつき出すか、針のようになっています。ツチハンミョウのなかまは、やわらかい腹部をもち、危険を感じると、あしの関節から毒のある液体を出します。

キマワリ
古いまきやかれ木にいます。明かりにもやってきます。もっともよく見られます。■ゴミムシダマシ科 ■16～20mm ■北海道～九州、屋久島

スナゴミムシダマシ
砂地の石の下などにいます。■ゴミムシダマシ科 ■11～12mm ■北海道～九州

コブスジツノゴミムシダマシ
サルノコシカケなどかたいキノコに集まります。■ゴミムシダマシ科 ■7～9mm ■北海道～九州、屋久島

ユミアシゴミムシダマシ
夜行性で日中はくち木の皮の下にかくれています。■ゴミムシダマシ科 ■24～26mm ■本州、四国、九州

ニジゴミムシダマシ
古いまきやかれ木で見つかります。■ゴミムシダマシ科 ■5～6.5mm ■北海道～南西諸島（沖縄島以北）

アオハムシダマシ
山地で花に多く集まります。地域によって変異があります。■ゴミムシダマシ科 ■8.2～12.5mm ■本州、四国、九州

オオクチキムシ
くち木から見つかります。成虫で越冬します。■ゴミムシダマシ科 ■14～16mm ■北海道～九州、屋久島

※ 大きさマークのないものは、実物のほぼ200%です。

ルイスホソカタムシ
かれた木に集まります。■コブゴミムシダマシ科 7〜11mm ■本州、四国、九州

アトコブゴミムシダマシ
ブナ林などでくち木についたサルノコシカケというキノコにいます。■コブゴミムシダマシ科 14〜21mm ■本州、四国、九州

クビナガムシ
山地で花に多く集まります。■クビナガムシ科 7.5〜14mm ■本州、四国、九州

アカハネムシ
くち木に集まります。ゆっくり飛ぶので目立ちます。■アカハネムシ科 12〜17mm ■北海道〜九州

ミスジナガクチキムシ 珍しい
山地の立ち枯れした木に集まります。■ナガクチキムシ科 9〜11mm ■本州

フタオビホソナガクチキムシ
倒木で見つかります。■ナガクチキムシ科 8.5〜13.5mm ■北海道〜九州

アオバナガクチキムシ
立ち枯れや倒木にいます。■ナガクチキムシ科 6〜15mm ■北海道〜九州

セアカナガクチキムシ
立ち枯れや倒木にいます。■ナガクチキムシ科 7〜13.5mm ■北海道〜九州

シラホシハナノミ
山地の花に来ます。かれた木に産卵します。■ハナノミ科 6.5〜9.5mm ■北海道〜九州、屋久島

オオキボシハナノミ
ノリウツギなどの花やかれた木に集まります。■7〜11.5mm ■北海道〜九州、トカラ列島（中之島）、奄美大島

ハリオオビハナノミ
森の中で、シダの葉などにとまっています。■ハナノミ科 8〜10.8mm ■南西諸島（沖縄島以北）、三宅島、御蔵島

アオカミキリモドキ
花に集まります。よく明かりに来ます。体液が皮ふにつくと炎症を起こします。■カミキリモドキ科 11〜15mm ■北海道〜九州、屋久島

ミヤマカミキリモドキ
トドマツなど針葉樹のかれ木に産卵します。■カミキリモドキ科 15〜20mm ■北海道、本州（中部地方山岳地帯）

キイロカミキリモドキ
昼間は花に集まり、夜は明かりに飛んできます。■カミキリモドキ科 12〜16mm ■北海道〜九州

モモブトカミキリモドキ
春、タンポポの花などに集まります。■カミキリモドキ科 5.5〜8mm ■北海道〜九州 ♂

オオオビハナノミ
ブナなどの倒れた木にいます。■ハナノミ科 10.7〜16.5mm ■本州、四国、九州、御蔵島、屋久島

ヒラズゲンセイ
幼虫はクマバチの巣に寄生します。■ツチハンミョウ科 18〜30mm ■本州、四国、沖縄島、石垣島

キイロゲンセイ
夏にあらわれ、花に集まります。明かりにも来ます。幼虫はハナバチ類の巣に寄生します。■ツチハンミョウ科 9〜22mm ■本州、四国、九州、屋久島

マメハンミョウ
夏にあらわれ、いろいろな草の葉を食べます。幼虫はイナゴ類の卵に寄生します。■ツチハンミョウ科 12〜18mm ■本州、四国、九州

メノコツチハンミョウ
秋にあらわれ、地上を歩いています。幼虫はハナバチ類の巣に寄生します。■ツチハンミョウ科 8〜21mm ■北海道、本州 ♂

Q: どうして「テントウムシ」というのですか？　A: 上に向かって飛ぶようすが、おてんとうさま（太陽）を目指しているように見えるので名づけられました。

カミキリムシのなかま

カミキリムシのくらし

カミキリムシはとても種類が多く、日本に約800種、世界では約3万種にもなり、その外見や性質はとても多様です。幼虫はおもに樹木やかれ木の中にすみ、成虫はかたい上ばねと発達したあごをもっています。生きた木を食べる種類のなかには、木をからしてしまうので、害虫とされる種類もあります。

▲木の皮をかじるシロスジカミキリ。

するどい大あごで、木の皮などをバリバリとかじる

カミキリムシの食べものはいろいろな植物です。葉や、花粉を食べる種類のほか、生きた木の皮をかじるものもいます。写真のシロスジカミキリは、幼虫も成虫も生きた木を食べます。かじった傷からは樹液がしみ出して、カブトムシやオオムラサキなど、樹液を食べる昆虫たちのえさ場になります。

▼イケマの花に集まるヒメアカハナカミキリ（左）とマルガタハナカミキリ（右）。

▼サルナシの葉をかじるシラホシカミキリ。

▲クヌギの幹で交尾をするシロスジカミキリ。

▲木の中に産みつけられたシロスジカミキリの卵。

▼まわりの木を食べるシロスジカミキリの幼虫。

▼シロスジカミキリのさなぎ。

成虫になるまで、木の中でくらす

カミキリムシの多くは、木の幹や、かれ木や木材の中に産卵します。ふ化した幼虫は木の中で周囲の木を食べてほりすすみながら育ち、その中でさなぎとなります。羽化した成虫は、木にあなをあけて外に出ていきます。

▼羽化して外に出てきたシロスジカミキリの成虫。

カミキリムシのなかま

カミキリムシのなかまは、かたい上ばねをもつ細長い体と長い触角などが特ちょうで、体の模様や大きさなどひじょうに大きなちがいがあります。ほとんどの種類は、幼虫も成虫も植物を食べます。

※ ⊢──┤ は実際の大きさをあらわしています。
※ 大きさマークのないものは、実物のほぼ130%です。
※ ホソカミキリはホソカミキリムシ科です。それ以外はすべてカミキリムシ科の甲虫です。

◀首の後ろらにあるやすりのような部分をこすりあわせてギイギイと音を出す。

【部位】触角／頭部／前胸部／複眼／上ばね／後胸部／前あし／中あし／腹部／後ろあし

シロスジカミキリ
日本でいちばん大きいカミキリムシのひとつ。
雑木林で見られ、生きたクヌギやクリの木にかみ傷をつけて産卵します。■40〜55mm ■5〜8月 ■本州、四国、九州、奄美大島

ホソカミキリ
夜にかれ枝や木材の上で活動し、明かりに来ます。
■19〜30mm ■6〜9月 ■北海道〜九州、屋久島

ヒシカミキリ
日本でいちばん小さいカミキリムシのひとつ。
広葉樹のかれ枝に集まります。■3〜5mm ■5〜8月 ■北海道〜九州

ノコギリカミキリ
夜行性で明かりに集まります。幼虫は、樹木の根を食べます。■23〜48mm ■5〜9月 ■北海道〜九州、屋久島

ウスバカミキリ
夜行性で明かりに来ます。いろいろな広葉樹、針葉樹のくち木に産卵します。■30〜51mm ■5〜9月 ■北海道〜南西諸島

クロカミキリ
夜行性で明かりに来ます。幼虫はアカマツなどを食べます。■11.5〜23mm ■5〜11月 ■北海道〜南西諸島（沖縄島以北）

アマミニセクワガタカミキリ 珍しい
触角が短く、クワガタムシのようなカミキリムシです。■14〜21mm ■7〜8月 ■奄美大島、沖縄島

コバネカミキリ
上ばねが短いため、うすい下ばねが出ています。夕暮れに活動し、古いくち木に産卵します。■12〜30mm ■6〜8月 ■北海道〜南西諸島（沖縄島以北）

コゲチャトゲフチオオウスバカミキリ
日本でいちばん大きいカミキリムシのひとつ。
夜行性で明かりに集まります。■43〜55mm ■7〜8月 ■石垣島、西表島

■体長　■成虫が見られるおもな時期　■分布

キマダラカミキリ
シイやクヌギなどの樹液に集まり、明かりにも来ます。■22〜35mm ■5〜8月 ■本州、四国、九州、南西諸島

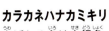

カラカネハナカミキリ
上ばねの色は赤銅色、青紫色など変化に富みます。ノリウツギやカエデなどいろいろな花に集まります。■8〜15mm ■5〜8月 ■北海道〜九州

オオヒメハナカミキリ
低地から山地まで、シシウドやノリウツギなどいろいろな花に集まります。■9〜14.5mm ■6〜8月 ■本州、四国、九州

マルガタハナカミキリ
シシウドやノリウツギなどの花に集まります。幼虫はおもにマツなどの針葉樹のかれ木を食べます。■10〜17mm ■6〜8月 ■北海道〜九州

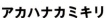

アカハナカミキリ
ノリウツギなどの花に集まり、かれ木にもやってきます。■12〜22mm ■6〜8月 ■北海道〜九州、沖縄島

ニンフホソハナカミキリ
ノリウツギやコゴメウツギなどいろいろな花に集まります。■9〜13mm ■5〜8月 ■北海道〜九州

ヨツスジハナカミキリ
リョウブなどの花に集まります。場所によって模様や形に変異があります。■12〜20mm ■4〜8月 ■北海道〜九州、屋久島、奄美大島、沖縄島

オニホソコバネカミキリ 珍しい
上ばねが退化し、ハチに擬態しています。クワの古木などで見つかります。■16.5〜34mm ■7〜8月 ■北海道〜九州、屋久島

アオスジカミキリ
弱ったネムノキに集まります。明かりにも飛んできます。■15〜35mm ■6〜8月 ■本州、四国、九州

ホタルカミキリ
ネムノキのかれ枝や、いろいろな花に集まります。■7〜10mm ■5〜9月 ■北海道〜九州

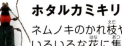

スネケブカヒロコバネカミキリ
リョウブやカラスザンショウの花に集まります。幼虫はネムノキを食べます。■10〜14mm ■7〜8月 ■本州、四国、九州、屋久島

ミヤマカミキリ
夜、生きたクリやコナラ、シイなどの木に産卵し、明かりにも集まります。■32〜54mm ■5〜8月 ■北海道〜九州、屋久島

アカアシオオアオカミキリ
夜行性で、クヌギの樹液に集まります。■25〜30mm ■7〜8月 ■本州、四国、九州

ミドリカミキリ
ノリウツギなどの花に集まります。クヌギなどのまきでも見られます。■12〜19.5mm ■5〜8月 ■北海道〜九州、屋久島

フェリエベニボシカミキリ 珍しい
原生林のカシ類やヤマモモなどの立ち枯れに集まります。■19〜29mm ■6〜7月 ■奄美大島

ルリボシカミキリ
伐採した広葉樹に集まります。幼虫はブナやカエデ類を食べます。■18〜29mm ■6〜9月 ■北海道〜九州

 Q:カミキリムシの名前の由来は？　A:「髪切り虫」または「噛み切り虫」など、大あごがするどいことからきているといわれています。

カミキリムシのなかま

※ ┣━┫は実際の大きさをあらわしています。
※ 大きさマークのないものは、実物のほぼ130%です。
※ このページで紹介しているものは、すべてカミキリムシ科です。

スズメバチに擬態。

オオトラカミキリ 珍しい
真夏の炎天下、生きたモミに産卵します。 21～27mm 7～9月 北海道～九州

スギカミキリ
早春にあらわれ、夜、生きたスギやヒノキなどの幹の上を歩きまわります。 14～23mm 3～5月 本州、四国、九州

ヒメスギカミキリ
スギなどの伐採した木に集まります。スギやヒノキの害虫として有名です。 7～12mm 3～7月 北海道～南西諸島

トラフカミキリ
生きたクワに集まり、葉の上にとまります。スズメバチに擬態しています。 17～26mm 7～9月 北海道～九州、奄美大島、沖縄島、宮古島

キイロトラカミキリ
伐採したケヤキなどに集まります。リョウブなどの花にも来ます。 13～19mm 5～8月 本州、四国、九州

ゴマフカミキリ
伐採した広葉樹で見つかります。 10～15mm 4～10月 北海道～九州

イシガキゴマフカミキリ
伐採された広葉樹に集まります。 11～18mm 3～10月 宮古島、石垣島、西表島、与那国島など

アトジロサビカミキリ
かれ枝に集まります。 7～11mm 4～8月 北海道～九州、屋久島

キスジトラカミキリ
伐採した広葉樹や花に集まります。 10.5～18mm 5～8月 北海道～九州、屋久島

エグリトラカミキリ
伐採した広葉樹や花に集まります。 9～13.5mm 5～8月 北海道～九州

ベニカミキリ
カエデやクリなどの花に集まります。幼虫はかれたタケを食べます。 12.5～17mm 4～7月 北海道～九州

タテジマカミキリ
カクレミノやハリギリなどの枝にしがみついて成虫で越冬します。 17～24mm 一年中 本州、四国、九州

▲ハリギリの木にしがみついて冬を越すタテジマカミキリ。

タケトラカミキリ
幼虫はタケを食べ、しばしば都会でも見つかります。 10～15mm 5～8月 本州、四国、九州、南西諸島

アカジマトラカミキリ
ケヤキの大木にすみ、夕方、かれ枝に産卵します。ウドの花などにも来ます。 12.5～17mm 8～9月 本州、四国、九州

ハセガワトラカミキリ 珍しい
ブドウのかれたつるに集まります。オスの触角が長いのが特ちょうです。 7～15mm 6～8月 北海道、本州

モンクロベニカミキリ
伐採したクヌギに集まります。生息地は限られています。 17～23mm 5月 本州、四国、九州

ゴマダラカミキリ
イチジクやナシ、ヤナギなどの生きた木に被害をあたえます。 25～35mm 5～10月 北海道～南西諸島（宮古島以北）

体長　成虫が見られるおもな時期　分布

※大きさマークのないものは、実物のほぼ130%です。

マツノマダラカミキリ
マツの害虫です。弱った木に集まり、産卵します。■14～27mm ■5～10月 ■本州、四国、九州、南西諸島（宮古島以北）

オオスミヒゲナガカミキリ 2001年新種
明かりに来ます。■27～30mm ■7～8月 ■九州（南部）

ヨコヤマヒゲナガカミキリ 珍しい
夜行性で、生きたブナに産卵します。明かりにも来ます。■25～35mm ■7～8月 ■本州、四国、九州

日本でいちばん触角が長い昆虫。

ヒゲナガカミキリ
夜行性で、弱ったモミに集まります。■26～45mm ■7～8月 ■北海道～九州

上ばねが開かず、飛べない。

コブヤハズカミキリ
秋に多くあらわれ、広葉樹のかれ葉を食べます。■14～23mm ■5～10月 ■本州（長野県、関東地方以北）

キボシカミキリ
生きたクワを食べます。明かりにも来ます。■15～30mm ■5～9月 ■北海道～南西諸島

クワカミキリ
生きたクワ、ケヤキ、ブナを食べます。■32～45mm ■6～8月 ■本州、四国、九州

ラミーカミキリ 外来種
カラムシの葉を食べます。江戸時代に中国から来た外来種で、毎年分布を広げています。■10～15mm ■5～7月 ■本州、四国、九州

シラホシカミキリ
アジサイ類やハルニレなどの葉を食べます。■7～13mm ■5～9月 ■北海道～九州

ハンノアオカミキリ
オヒョウやシナノキなどの葉を食べます。伐採した木にも集まります。■11～17mm ■5～8月 ■北海道～九州

ヒゲナガゴマフカミキリ
ブナの立ち枯れなどに来ます。とまっていると幹の模様とそっくりです。■11～24mm ■5～9月 ■北海道～九州、屋久島

オオシロカミキリ
ケヤキやムクノキなどの葉を食べます。夜、伐採されたケヤキなどに集まります。■16～23mm ■7～8月 ■本州、四国、九州

ホシベニカミキリ
沿岸に多く、タブノキなどに集まり、成虫は新芽を食べます。■18～25mm ■5～9月 ■本州、四国、九州、南西諸島（奄美大島以北）

リンゴカミキリ
サクラの葉を食べます。日本で最初に名前のついたカミキリムシです。■13～21mm ■5～8月 ■北海道～九州

イッシキキモンカミキリ
成虫はクワの葉を食べますが、幼虫はヌルデのかれ木を食べます。■11～16mm ■7～8月 ■本州（関東地方以西）、四国、九州

Q: カミキリムシの触角はなにに使われますか？　A: いろいろな機能があり、たとえばオスが長い触角でふれることで、交尾をするメスを認識します。

世界のカミキリムシのなかま

世界では、約2万種のカミキリムシが知られています。触角や大あごが独特な形に発達したものも多く、大きさや外見もさまざまです。

オオキバウスバカミキリ
きわめて発達した大あごをもち、体長は150mmにもなります。南アメリカのアマゾンにすんでいます。

フサヒゲミドリオビカミキリ
触角の節にブラシ状の毛が生えています。ヒマラヤからインドシナ半島、マレー半島、中国南部にすみます。体長は40mm程度です。

世界一触角が長い昆虫。

ウォーレスシロスジカミキリ
オスの触角は、体長の2倍以上にもなります。ニューギニアと周辺の島にすみ、体長は75mm程度です。

タイタンオオウスバカミキリ
世界最大のカミキリムシで、体長は200mm近くにもなります。幼虫はさらに巨大で、250mmほどもあります。南アメリカのアマゾン川流域にすんでいます。

世界最大のカミキリムシ。

テナガカミキリ

体長は80mmほどで、オスの前あしは体長の2倍くらいあります。ゴムの原料となるパラゴムの木などを食べます。中央アメリカから南アメリカに生息します。

ヒメホウセキカミキリ

アフリカ中央部から西部の熱帯雨林にすむ、美しい色をしたカミキリムシです。体長は、20mmほどです。

▼飛びたつ寸前のヒメホウセキカミキリ。

▼木から木へと飛ぶテナガカミキリ。はねの下にはカニムシがしがみついている。

テナガカミキリとヤドリカニムシ

テナガカミキリがはねを開くと、はねの下に、節足動物の一種であるヤドリカニムシのなかまがいることがあります。カニムシの食べものは、テナガカミキリに寄生してその体液を吸うダニです。はねの下にいれば、カニムシは食べ物に困らない上に鳥などの天敵から身を守ることもでき、一方、テナガカミキリはダニを食べてもらえる、ということで、両者のあいだには共生関係があると考えられています。

また、カニムシがより遠くへ移動するために、テナガカミキリを「飛行機」として利用している、という説もあります。

◀カニムシは昆虫に近い節足動物。

ハムシのなかま

ハムシのなかまは体が小さく、植物の葉を食べます。日本には、約560種がいます。宝石のように美しい体色をしたものが多くいます。

※ ┠──┨ は実際の大きさをあらわしています。
※ 大きさマークのないものは、実物のほぼ300%です。

リンゴコフキハムシ
リンゴやクリ、クルミなどの葉を食べます。■ハムシ科 ■6〜7mm ■5〜7月 ■北海道〜九州

スゲハムシ
スゲの花に集まります。赤銅色から青紫色まで体色には変異があります。■ハムシ科 ■7〜11mm ■5〜7月 ■北海道、本州、九州

ジュウシホシクビナガハムシ
アスパラガスの葉を食べます。■ハムシ科 ■6〜7mm ■6〜7月 ■本州、九州

アカクビナガハムシ
サルトリイバラの葉を食べます。■ハムシ科 ■7〜10mm ■4〜7月 ■本州、四国、九州

イネクビボソハムシ
イネやカモガヤなどを食べます。■ハムシ科 ■2〜4.5mm ■4〜7月 ■北海道〜九州、与那国島

▲卵にふんをぬりつけて天敵から守るコヤツボシツツハムシ。

ヤツボシツツハムシ
カシワなどの葉を食べます。■ハムシ科 ■7〜8.2mm ■6〜9月 ■本州、四国、九州

ヨツボシナガツツハムシ
カンバやヤナギ類などの葉を食べます。■ハムシ科 ■8〜11mm ■6〜10月 ■本州、四国、九州

ヨモギハムシ
ヨモギなどの葉を食べます。■ハムシ科 ■7〜10mm ■4〜11月 ■北海道〜南西諸島

ハッカハムシ
ハッカやシソ、ホトケノザなどを食べます。■ハムシ科 ■7.5〜9mm ■4〜9月 ■北海道〜九州

ドロノキハムシ
ヤナギやドロノキの葉を食べます。■ハムシ科 ■10〜12mm ■5〜9月 ■北海道〜九州

オオルリハムシ
大型のハムシで、湿地のシロネなどの葉を食べます。■ハムシ科 ■9〜14mm ■6〜9月 ■本州

ルリハムシ
ハンノキやクマシデの葉を食べます。■ハムシ科 ■6.8〜8.2mm ■6〜9月 ■北海道、本州

ヤナギハムシ
ヤナギ類の葉を食べます。■ハムシ科 ■6.8〜8.5mm ■4〜7月 ■北海道〜九州

クルミハムシ
オニグルミ、サワグルミの葉を食べます。■ハムシ科 ■6.8〜8.2mm ■5〜8月 ■北海道〜九州

アカガネサルハムシ
ノブドウなどの葉を食べます。■ハムシ科 ■5.5〜7.5mm ■6〜8月 ■北海道〜南西諸島

■科 ■体長 ■成虫が見られるおもな時期 ■分布

ウリハムシ
ウリ類の害虫です。
■ハムシ科 ■5.6〜7.3mm ■4〜11月 ■本州、四国、九州、南西諸島

クロウリハムシ
ウリ類の害虫です。
■ハムシ科 ■5.8〜6.3mm ■4〜10月 ■本州、四国、九州、南西諸島

アトホシハムシ
アマチャヅルなどの葉を食べます。
■ハムシ科 ■4.5〜5.5mm ■5〜8月 ■北海道〜九州

クロルリトゲハムシ
ススキの葉を食べます。
■ハムシ科 ■4.2〜4.5mm ■6〜9月 ■本州、四国、九州

ツシマヘリビロトゲハムシ 珍しい
夏から秋にあらわれ、ケンポナシを食べます。
■ハムシ科 ■6.5mm ■8〜10月 ■対馬

キクビアオハムシ
サルナシなどの葉を食べます。
■ハムシ科 ■5.8〜7.8mm ■6〜9月 ■北海道〜九州

イチモンジカメノコハムシ
ムラサキシキブなどの葉を食べます。
■ハムシ科 ■8〜9mm ■4〜10月 ■本州、四国、九州、南西諸島

イタドリハムシ
イタドリなどの葉を食べます。成虫で越冬します。
■ハムシ科 ■7〜10mm ■4〜10月 ■北海道〜九州

フェモラータオオモモブトハムシ 外来種
東南アジア原産の外来種で、2009年に三重県で定着が確認されました。クズの葉を食べます。
■カタビロハムシ科 ■15〜20mm ■6〜8月 ■本州(三重県)

ジンガサハムシ
ヒルガオなどの葉を食べます。
■ハムシ科 ■7.2〜8.2mm ■4〜9月 ■北海道〜九州

外国から入ってきたハムシ

タイワンハムシは、台湾原産のハムシですが、2010年3月に沖縄島北部のやんばるの森ではじめて発見されました。森に生えるハンノキの葉を食べながら、またたく間に沖縄島全体に広がり、大量発生しています。こうした外来種は、本来の生態系をかえてしまう可能性があり、心配されています。

▲沖縄島で大量発生したタイワンハムシ。

マメ知識 トゲハムシのなかまは、「トゲトゲ」ともよばれます。そのなかには「トゲナシトゲトゲ」という、おもしろい名前でよばれるグループもあります。

ゾウムシ、オトシブミのなかま

ゾウムシのくらし

ゾウムシのなかまの多くは、長い口をもっており、この口の形がゾウの鼻のように見えるためゾウムシとよばれます。長い口の先には大あごがあり、葉っぱをかじったり、かたい実にあなをあけたりすることができます。

長い口で実などにあなをあけ、その中に産卵

ゾウムシの長い口は、その特殊な産卵のためのものです。長い口で木の実などにあなをあけたゾウムシは、そのあなの奥に卵を産みつけます。卵は木の実の中でふ化し、幼虫はまわりの実を食べながら育ちます。木の実は、幼虫にとって身を守る巣になり、食べものにもなるのです。

◀木の実にあなをあけるコナラシギゾウムシ。

▲木の実に産みつけられたコナラシギゾウムシの幼虫。

▼木の枝を切断するハイイロチョッキリ。

チョッキリは枝を切る

若い実の中に産卵したチョッキリは、産卵が終わるとその実がついた枝を切ってしまいます。そうすることで実はかたくならず、幼虫の食べものとしてふさわしくなるのです。

オトシブミのくらし

オトシブミのなかまは、幼虫も成虫も植物を食べます。細長い頭部をもち、器用に動かすことができます。また、するどい大あごをもっていて、はさみのようにきれいに葉っぱを切ることができます。

▲葉っぱを巻くオトシブミ。

▲葉っぱを切りとっているオトシブミ。

▲卵が産みつけられたゆりかごの断面図。

▲ゆりかごの中で生活するオトシブミの幼虫。

葉っぱを巻いて「ゆりかご」をつくる

オトシブミのなかまの一部は、葉っぱを巻いて「ゆりかご」をつくります。大あごで葉っぱを切りとり、器用に動く頭部とあしとを使って葉っぱを巻いていきます。できあがったゆりかごの中に卵を産みつけます。ゆりかごの中でふ化した幼虫は、まわりの葉っぱを食べて成長し、中でさなぎとなり、成虫になると、ゆりかごの外に出ます。

▲ゆりかごの中のさなぎ。

▼羽化してゆりかごから出てきた成虫。

ゾウムシ、オトシブミのなかま

ゾウムシのなかまの多くは、口の先(口吻)が長くのびており、先についた大あごを使って木の実や木の幹などにあなをあけます。オトシブミのなかまは、頭部がよく動きます。幼虫も成虫も植物を食べます。日本には、1000種類以上いると考えられています。

※ ──── は実際の大きさをあらわしています。
※ 大きさマークのないものは、実物のほぼ200%です。

前胸部・上ばね・複眼・口吻・触角・頭部・大あご・前あし・中あし・後ろあし

クヌギシギゾウムシ
クヌギの実にあなをあけて産卵します。■ゾウムシ科 ■6〜10mm ■8〜10月 ■本州、九州

クリシギゾウムシ
クリの実に産卵します。明かりにも集まります。■ゾウムシ科 ■6〜10mm ■7〜10月 ■本州、四国、九州

ツバキシギゾウムシ
ツバキの実に産卵します。メスの口吻は、体長より長くなります。■ゾウムシ科 ■6〜9mm ■5〜10月 ■本州、四国、九州

リンゴヒゲボソゾウムシ
いろいろな広葉樹やイタドリなどの葉を食べます。■ゾウムシ科 ■6.2〜9mm ■5〜7月 ■北海道、本州(中部地方以北)

スグリゾウムシ
フサスグリやミカンなどを食べます。メスだけでふえます。ふつうに見られます。■ゾウムシ科 ■5〜6mm ■5〜9月 ■北海道〜九州

シロコブゾウムシ
ハギやフジなどのマメ科の植物に集まります。■ゾウムシ科 ■13〜15mm ■6〜8月 ■本州、四国、九州

コフキゾウムシ
クズやハギの葉を食べます。■ゾウムシ科 ■3.6〜7.5mm ■6〜8月 ■本州、四国、九州、南西諸島

クロカタゾウムシ
カンコノキに集まります。上ばねがくっついていて、飛べません。■ゾウムシ科 ■11〜15mm ■5〜9月 ■石垣島、西表島

ヒメシロコブゾウムシ
ウドやタラノキなどに集まります。■ゾウムシ科 ■12〜14mm ■4〜7月 ■本州、四国、九州、南西諸島

オオアオゾウムシ
オニグルミやヤナギなどの葉を食べます。■ゾウムシ科 ■12〜15mm ■6〜8月 ■北海道、本州、九州

■科 ■体長 ■成虫が見られるおもな時期 ■分布

ハスジカツオゾウムシ
ヨモギを食べます。●ゾウムシ科 ●9〜14mm ●5〜8月 ●本州、四国、九州

オジロアシナガゾウムシ
クズを食べます。トリのふんのように見えます。●ゾウムシ科 ●9〜10mm ●4〜8月 ●本州、四国、九州

タカハシトゲゾウムシ
サクラやスモモを食べます。●ゾウムシ科 ●4〜5mm ●5〜8月 ●本州、四国、九州

フタキボシゾウムシ
川辺のヤナギで見つかります。●ゾウムシ科 ●8〜10.5mm ●6〜8月 ●北海道、本州、九州

アカコブコブゾウムシ
シイの実に産卵します。明かりに集まります。枝にしがみつき、成虫で越冬します。●ゾウムシ科 ●7.2〜8.5mm ●本州、四国、九州

マダラアシゾウムシ
カシ類やヌルデにいます。明かりにも集まります。●ゾウムシ科 ●14〜18mm ●5〜8月 ●本州、四国、九州

トホシオサゾウムシ
ツユクサについています。●オサゾウムシ科 ●5.8〜7.9mm ●5〜10月 ●本州、四国、九州

ナガアナアキゾウムシ
山地で針葉樹のかれ木に集まります。●ゾウムシ科 ●10.5〜14.6mm ●6〜10月 ●本州、四国、九州

シロアナアキゾウムシ
体は白い鱗片でおおわれています。ハドノキやサクラを食べます。●ゾウムシ科 ●7〜8mm ●本州（三重県、和歌山県）、九州、南西諸島

ミツギリゾウムシ
オスとメスで口吻の形が異なります。広葉樹のかれ木に集まります。●ミツギリゾウムシ科 ●10.6〜23.5mm ●本州、四国、九州、屋久島、奄美大島、徳之島、沖縄島

日本最大のゾウムシ。

オオゾウムシ
伐採された木や樹液で見つかります。●オサゾウムシ科 ●12〜29mm ●6〜10月 ●北海道〜南西諸島

コクゾウムシ
コメを食べる害虫です。●オサゾウムシ科 ●2.9〜3.5mm ●北海道〜九州、南西諸島

▲コメを食べるコクゾウムシ。

アリモドキゾウムシ
ハマヒルガオなどを食べますが、サツマイモの害虫でもあります。熱帯に広く分布します。●ミツギリゾウムシ科 ●6〜7mm ●九州、南西諸島

マルモンタマゾウムシ
フジウツギやキリを食べます。●ゾウムシ科 ●3.7〜4.9mm ●5〜8月 ●北海道九州

アシナガオニゾウムシ
エノキなどのかれ木に集まります。●ゾウムシ科 ●5.9〜8.5mm ●6〜8月 ●本州、四国、九州

マメ知識 オトシブミがつくるゆりかごが、巻いた手紙（文）を落としたもののように見えたことから、「落とし文」という名前がつけられました。

※ ⊢——┤は実際の大きさをあらわしています。
※ 大きさマークのないものは、実物のほぼ250%です。

ゾウムシ、オトシブミのなかま

エゴヒゲナガゾウムシ
エゴノキの実に産卵します。🟢ヒゲナガゾウムシ科 🔴3.5〜5.5mm 🔵6〜8月 🟠本州、九州

ナガフトヒゲナガゾウムシ 珍しい
山地のかれ木に集まります。🟢ヒゲナガゾウムシ科 🔴15mm 🔵6〜8月 🟠本州

キノコヒゲナガゾウムシ
くち木に生えるシュタケなどのかたいキノコに集まります。黒っぽい色をしたものもいます。🟢ヒゲナガゾウムシ科 🔴5〜8mm 🔵6〜8月 🟠北海道〜九州

シリジロヒゲナガゾウムシ
広葉樹のかれ木に集まります。🟢ヒゲナガゾウムシ科 🔴6.3〜8.5mm 🔵6〜8月 🟠北海道、本州、九州

シロモンオオヒゲナガゾウムシ 珍しい
倒木や明かりに集まります。オスの触角はひじょうに長く、メスは短いです。🟢ヒゲナガゾウムシ科 🔴11〜19mm 🟠九州（南部）、奄美大島、沖縄島 ♂

クロフヒゲナガゾウムシ
広葉樹のかれ木に集まります。🟢ヒゲナガゾウムシ科 🔴4.5〜7.1mm 🔵4〜7月 🟠本州、四国、九州

ハイイロチョッキリ
コナラの実に産卵します。🟢オトシブミ科 🔴7〜9.1mm 🔵7〜9月 🟠本州、四国、九州

チャイロチョッキリ
クリなどの葉を食べます。🟢オトシブミ科 🔴5.5〜7.1mm 🔵6〜8月 🟠本州、四国、九州

ドロハマキチョッキリ
イタドリ、ドロノキ、カエデなどの葉を巻いて産卵します。🟢オトシブミ科 🔴5.4〜7mm 🔵5〜7月 🟠北海道、本州

ベニホシハマキチョッキリ
カエデ類の葉を巻いて中に産卵します。🟢オトシブミ科 🔴4.9〜6mm 🔵4〜7月 🟠本州（東海地域以西）、四国、九州

イタヤハマキチョッキリ
カエデ類の葉を巻いて中に産卵します。🟢オトシブミ科 🔴5.5〜8.5mm 🔵5〜7月 🟠北海道〜九州

モモチョッキリ
モモやナシの実に産卵します。🟢オトシブミ科 🔴7〜10.5mm 🔵6〜8月 🟠北海道〜九州

エゴツルクビオトシブミ
エゴノキ、フサザクラの葉を巻いて産卵します。オスは頭部が長いです。🟢オトシブミ科 🔴6〜9.5mm 🔵5〜9月 🟠北海道〜九州

アシナガオトシブミ
コナラやカシ類の葉を巻いて産卵します。🟢オトシブミ科 🔴6.5〜8mm 🔵5〜7月 🟠本州、四国、九州

ゴマダラオトシブミ
クヌギやクリなどの葉を巻いて産卵します。🟢オトシブミ科 🔴7〜8.2mm 🔵5〜8月 🟠北海道〜九州

カラマツヤツバキクイムシ
幼虫も成虫も、カラマツを食べます。樹皮の内側にもぐりこんで、あなをあけてしまいます。🟢キクイムシ科 🔴5mm前後 🔵7〜10月 🟠北海道、本州

ウスモンオトシブミ
キブシやウツギの葉を巻いて産卵します。🟢オトシブミ科 🔴6〜7mm 🔵5〜9月 🟠北海道〜九州

オトシブミ
ハンノキやナラ類などの葉を巻いて産卵します。🟢オトシブミ科 🔴8〜9.5mm 🔵5〜8月 🟠北海道〜九州

🟢科 🔴体長 🔵成虫が見られるおもな時期 🟠分布

世界のゾウムシのなかま

ゾウムシは、生きもののなかでいちばん種類が多いグループであると考えられています。世界中で約6万種が知られていますが、まだ発見されていない種類も数多くいます。宝石のように美しい色をしたものや、長い毛が生えたもの、よろいのような体をしたものなど、その外見はさまざまです。

※ ━━━ は実際の大きさをあらわしています。

ブラウン
ホウセキゾウムシ

ベネット
ホウセキゾウムシ

スコエンヘル
ホウセキゾウムシ

ロリア
ホウセキゾウムシ

ホウセキゾウムシのなかま

ホウセキゾウムシはニューギニア島と周辺の島にすみ、四十数種類が知られています。それぞれ形は似ていますが、色や模様のバリエーションはさまざまで、まさに宝石のようです。

タイショウオサゾウムシ

マレーシアなどのジャングルにすむ、世界最大のゾウムシです。体長は80mmほどもあり、力強い前あしをもっています。

ネッタイオオツノクモゾウムシ

スマトラ島にすんでいます。長いあしで、クモのように動きます。体長は8mm程度です。

チャケブカゾウムシ

体中が長い毛におおわれています。マダガスカル島に生息します。体長は20mm程度です。

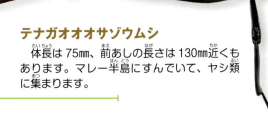

テナガオオオサゾウムシ

体長は75mm、前あしの長さは130mm近くもあります。マレー半島にすんでいて、ヤシ類に集まります。

チョウのなかま

チョウのなかまは、さまざまな色や模様のはねをもっています。日本には約240種がいます。大あごが退化していて、多くのチョウの口は、長い管のようになっています。幼虫は「いも虫」や「毛虫」とよばれ、さなぎを経て成虫になる、完全変態をします。

4枚の大きなはね
チョウのなかまは、4枚のはねをもっています。前後のはねをはばたかせ、体を上下させながら飛びます。

チョウのくらし
チョウのなかまは、昼間に活動し、花のみつなどの食べものをもとめて飛びまわります。チョウのオスは、視覚を使ってメスをさがします。交尾がすむと、メスは植物の葉などに卵を産みつけます。

▼水をはじくキアゲハのはね。

◀花のみつを吸いにきたキアゲハ。

チョウの体をおおう鱗粉

チョウのはねは、鱗粉という、細かいうろこのようなものにおおわれています。鱗粉には水をはじく性質があり、雨などからはねを守っています。

▼あざやかなはねをもつクジャクチョウ。

はねの模様

多くのチョウのはねの模様は、ひとつひとつの鱗粉についている色が、たくさんならぶことでつくられています。目立つはねで交尾の相手をひきつけたり、植物の色や模様に似たはねで、敵から身をかくしたりします。また、同じ種類でも、生まれる季節によって色や模様がちがうものもいます。

▲はねをとじると木の葉にそっくりなコノハチョウ。

チョウのなかま

チョウの食べものはいろいろ

チョウのなかまの食べものは、花のみつだけではありません。樹液や果実のほか、動物の死がいやふんなどから汁を吸うものもいます。

▲イヌザンショウの花のみつを吸いに集まった、アオスジアゲハの大群。

▲口をストローのようにのばして花のみつを吸うモンシロチョウ。

▲水を吸うサカハチチョウ。地面の水を吸うことで、ミネラルを補給していると考えられている。

▲樹液を吸いにきたオオムラサキ。

▲トカゲ（ニホンカナヘビ）の死がいから体液を吸うテングチョウ。

さなぎから成虫へ

卵からかえった幼虫は、葉などを食べて成長し、何度か脱皮をくり返したあとにさなぎになります。さなぎの期間は、気温などによって長くなったり短くなったりします。やがて、はねの生えた成虫がさなぎから姿をあらわします。

▲アゲハチョウの幼虫。

▲さなぎから羽化したばかりのアゲハチョウ。

チョウとガのちがい

チョウとガは、区別してよばれていますが、じつは同じチョウ目にふくまれるなかまです。チョウとガ、それぞれに多く見られる特ちょうはありますが、はっきりと区別することはできません。

| チョウ | ガ |

活動時間

チョウは昼行性、ガの多くは夜行性です。

▲ギフチョウ

▲オナガミズアオ

触角

チョウの触角は、こんぼうのように先が太くなっています。ガの触角は、種類によって先が細いものと、くしのように広がっているものがあります。

▲キアゲハ

▲ウンモンスズメ

とまり方

チョウの多くは、はねをとじた状態でとまります。ガの多くは、はねを開いた状態でとまります。

▲ウラキンシジミ

▲ヒトリガ

アゲハチョウのなかま

※原寸マークのないものは、実物のほぼ70%です。
※このページで紹介しているものは、すべてアゲハチョウ科です。

アゲハチョウのなかまの多くには、後ろばねに尾状突起という、しっぽのようにのびた部分があります。大型のチョウが多く、花によく集まります。また、アゲハチョウの幼虫は、敵におそわれそうになると、臭角というくさいにおいのする角を出します。

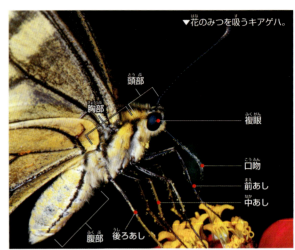
▶花のみつを吸うキアゲハ。
頭部／胸部／複眼／口吻／前あし／中あし／腹部／後ろあし

触角／前ばね／後ろばね／尾状突起

キアゲハ（♂ 春型）
市街地から高山まで広く見られます。山の頂上に集まってなわばりをつくる習性があります。■36〜70mm ■暖地では3〜11月 ■北海道〜南西諸島（屋久島以北） ■セリ

アゲハチョウ（♀夏型／春型）
市街地や畑など、人がくらす場所でよく見られます。■35〜60mm ■本州の暖地では3〜10月 ■北海道〜南西諸島 ■サンショウ

クロアゲハ（♂）
市街地から山地まで広く見られます。
■45〜72mm ■本州の暖地では4〜9月 ■本州、四国、九州、南西諸島 ■カラタチ

オナガアゲハ（♀）
おもに山地の沢沿いで見られ、地面で水を吸います。■47〜70mm ■4〜9月 ■北海道〜九州 ■コクサギ

■前翅長　■成虫が見られるおもな時期　■分布　■幼虫の食べもの

チョウのなかま

ヒメギフチョウ
おもに低山地の落葉広葉樹林やカラマツ林周辺で見られます。■25〜33mm ■早春 ■北海道、本州 ■ウスバサイシン

ギフチョウ 絶滅危惧種
日本特産種で「春の女神」とよばれます。低地の雑木林周辺から山地のブナ林まで見られます。■27〜36mm ■早春 ■本州 ■カンアオイ

ウスバキチョウ 珍しい
岩の多い場所やお花畑にすむ高山蝶。国指定の天然記念物です。■24〜32mm ■6〜8月 ■北海道中部の高山帯 ■コマクサ

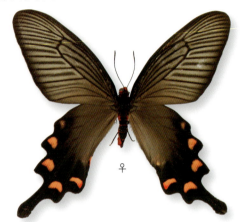

ジャコウアゲハ
林の縁を、あまりはばたかずにゆるやかに飛びます。■42〜60mm ■寒冷地では5〜8月、南西諸島ではほぼ一年中 ■本州、四国、九州、南西諸島 ■ウマノスズクサ

ヒメウスバシロチョウ
林の縁をゆるやかに飛びます。■26〜37mm ■6月 ■北海道 ■エゾエンゴサク

ウスバシロチョウ
林の縁の草地で見られます。ゆるやかにすべるように飛びます。■26〜38mm ■4〜5月 ■北海道、本州、四国 ■ムラサキケマン

ジャコウアゲハやベニモンアゲハは体内に毒をもち、鳥が食べない。

原寸

ベニモンアゲハ
細かくはばたきながら、ゆるやかに飛びます。東南アジアにも広くすみます。■45〜55mm ■ほぼ一年中 ■宮古列島、八重山列島 ■リュウキュウウマノスズクサ

コラム 迷子のチョウ「迷蝶」

その場所にもともとすんでいないチョウが、風にのって飛んでくることがあります。これを迷蝶とよびます。日本では、大きなはねでゆるやかに飛ぶマダラチョウのなかまなどが南西諸島を中心に、毎年数多く記録されています。迷蝶のなかには、たどり着いた日本に居着いてしまったものもいます。

▼迷蝶として日本でも見られるコモンタイマイ（アゲハチョウ科）。

■前翅長 ■成虫が見られるおもな時期 ■分布 ■幼虫の食べもの

シロチョウのなかま

※このページの標本は、実物のほぼ70%です。

シロチョウのなかまの多くは、白や黄色のはねをもっています。人間のすむ場所の近くでもよく見られる、身近なチョウです。幼虫は「青虫」とよばれ、キャベツの葉などにいるのがよく見られます。

モンシロチョウ
キャベツ畑から高山まで、明るい場所で見られます。■20〜30mm■本州では3〜11月■北海道〜南西諸島■キャベツ

はねの黒い紋が特ちょう。

(春型) (夏型)

スジグロシロチョウ
平地や低山地の林の縁で見られます。■24〜35mm■本州では4〜10月■北海道〜九州■イヌガラシ

(春型) (夏型)

ヤマトスジグロシロチョウ
従来、エゾスジグロシロチョウとよばれていた種類が、最近の研究で2種に分けられたうちのひとつです。■18〜32mm■本州では4〜10月■北海道〜九州■スズシロソウ

(夏型) (秋型)

キタキチョウ
近年、南西諸島のミナミキチョウと別種であることがわかりました。■18〜27mm■ほぼ一年中■本州、四国、九州、南西諸島■ネムノキ

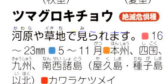
(秋型) (夏型)

ツマグロキチョウ 絶滅危惧種
河原や草地で見られます。■16〜23mm■5〜11月■本州、四国、九州、南西諸島(屋久島・種子島以北)■カワラケツメイ

スジボソヤマキチョウ
山地の渓流沿い、草原などで見られます。■28〜40mm■6〜7月■本州、四国■クロウメモドキ

ヤマキチョウ 絶滅危惧種
山地の草原で見られます。■30〜35mm■8月■本州(中部)■クロツバラ

コラム 求婚をこばむシロチョウのメス

2匹のモンシロチョウ。上にいるオスが下のメスに求愛しているところです。メスがはねを開き、おなかの先を上げているのは、交尾を拒否する姿勢。シロチョウのなかまでよく見られます。

メスには、はねの色が白いものと黄色いものがいる。

モンキチョウ
市街地から山地まで、明るい場所で広く見られます。■22〜33mm■本州では3〜11月■北海道〜南西諸島■アカツメクサ

ミヤマモンキチョウ 珍しい
おもに高山のお花畑で見られます。■22〜28mm■6〜8月■本州中部の飛騨山脈と浅間山系■クロマメノキ

マメ知識　モンシロチョウには紫外線が見えます。紫外線が当たるとオスとメスではねの色が変わるため、それによってオスとメスを見分けています。

チョウのなかま

※このページの標本は、実物のほぼ70%です。
※このページで紹介しているものは、すべてシロチョウ科です。

ウスキシロチョウ
明るい林の縁などでよく見られ、すばやく飛びます。🟥 28～40mm 🟦ほぼ一年中 🟧南西諸島 🟥ナンバンサイカチ

ウラナミシロチョウ
開けた畑や市街地などで見られます。🟥 24～38mm 🟦ほぼ一年中 🟧南西諸島（沖縄島以南）🟥ハブソウ

ヒメシロチョウ 絶滅危惧種
草原など明るい環境にすみ、ゆるやかに飛びます。🟥 17～28mm 🟦 4～10月 🟧北海道、本州、九州 🟥ツルフジバカマ

ツマベニチョウ
林の縁の高いところを、はねるように力強く飛びます。世界最大級のシロチョウです。🟥 40～55mm 🟦北限近くの生息場所では 3～11月 🟧九州（南部）、南西諸島 🟥ギョボク

クモマツマキチョウ 珍しい
おもに高山周辺の沢や、岩や石の多いところで見られます。蝶道を直線的に飛びます。🟥 18～23mm 🟦 4～7月 🟧本州中部の高山周辺 🟥ミヤマハタザオ

ツマキチョウ
平地から山地まで広く見られます。春を代表するシロチョウです。🟥 20～30mm 🟦早春 🟧北海道～南西諸島（屋久島以北）🟥ヤマハタザオ

メスの鱗粉はうすく、半透明に見える。

エゾシロチョウ
市街地から山地まで広く見られます。幼虫は群れですみます。🟥 32～45mm 🟦 6～8月 🟧北海道 🟥ヤマザクラ

ミヤマシロチョウ 絶滅危惧種
亜高山帯の森林近くで見られます。幼虫は群れですみます。🟥 30～40mm 🟦 6～8月 🟧本州（中部）🟥ヒロハノヘビノボラズ、メギ

ナミエシロチョウ
平地から山地まで広く見られ、すばやく飛びます。🟥 30～36mm 🟦ほぼ一年中 🟧南西諸島（トカラ列島以南）🟥ツゲモドキ

タイワンシロチョウ 外来種
台湾方面からの迷蝶がすみつきました。東南アジアにも広くすんでいます。🟥 28～35mm 🟦ほぼ一年中 🟧八重山列島 🟥ギョボク

🟥前翅長　🟦成虫が見られるおもな時期　🟧分布　🟥幼虫の食べもの

タテハチョウのなかま

※このページの標本は、実物のほぼ80%です。
※このページで紹介しているものは、すべてタテハチョウ科です。

タテハチョウのなかまはとても種類が多く、タテハチョウ類、ジャノメチョウ類、マダラチョウ類などのグループに分けられます。花のみつや樹液、果実のほか、動物の死がいやふんなど、さまざまなものから汁を吸います。

▲タテハチョウのなかまの前あしは退化していて、4本あしに見える。

ヒョウモンモドキ 絶滅危惧種
湿原などにすみます。減少がいちじるしく、分布はかぎられます。■22〜34mm■6〜8月■本州■タムラソウ

コヒョウモンモドキ 絶滅危惧種
山地の草原などで見られます。■18〜27mm■6〜8月■本州（中部）■クガイソウ

キタテハ
河原や畑周辺、市街地など開けた場所でよく見られます。■22〜34mm■5〜11月■北海道〜九州■カナムグラ

「八」という字をさかさにしたような模様が特ちょう。

サカハチチョウ
低山地の林の縁や沢沿いでよく見られます。■20〜25mm■4〜8月■北海道〜九州■コアカソ

シータテハとエルタテハは、はねのうらにそれぞれ「C」と「L」の模様がある。

シータテハ
おもに山地の渓流沿いで見られます。よく地面で水を吸います。■24〜30mm■6〜9月■北海道〜九州■ハルニレ

エルタテハ
おもに高山の樹林や、渓流沿いにいます。■28〜36mm■7〜10月■北海道、本州■ハルニレ

キベリタテハ
おもに高山の樹林、渓流沿いで見られ、ゆるやかに飛びます。■32〜43mm■7〜9月■北海道、本州■ダケカンバ

ヒオドシチョウ
春、越冬した成虫が山の頂上でよく見られます。■32〜42mm■5〜8月■北海道〜九州■エノキ

ルリタテハ
全国各地のさまざまな環境で見られます。東南アジアにも広く分布します。■25〜44mm■本州では6〜11月■北海道〜南西諸島■サルトリイバラ

クジャクチョウ
本州では山地の樹林や草原で見られます。■26〜33mm■6〜9月■北海道、本州■ホソバイラクサ

マメ知識 チョウの天敵にはカマキリやクモだけでなく、卵や幼虫に卵を産みつけて体の中を食べてしまう、寄生バエや寄生バチなどがいます。

チョウのなかま

コヒオドシ
亜高山帯以上の樹林やお花畑で見られます。■21〜30mm■6〜8月■北海道、本州（中部）■ホソバイラクサ

アカタテハ
日本各地のさまざまな環境で見られます。■30〜35mm 本州では5〜11月■北海道〜南西諸島■カラムシ

ヒメアカタテハ
世界でもっとも分布の広いチョウのひとつです。■25〜33mm 本州の暖地では4〜12月■北海道〜南西諸島■ヨモギ

アオタテハモドキ
畑のまわりや草地など、明るい場所にすみます。地面によくはねを開いてとまります。■28〜32mm■八重山列島では一年中■南西諸島■キツネノマゴ

タテハモドキ
田畑のまわりなど開けた場所でよく見られます。■25〜36mm■九州では5〜10月■九州、南西諸島■イワダレソウ

コノハチョウ
裏面がかれ葉のような模様をしています。樹液に集まります。沖縄県の天然記念物です。■40〜50mm■ほぼ一年中■南西諸島（沖永良部島以南）■オキナワスズムシソウ

コムラサキ
平地から山地の川沿いなど、ヤナギ類のある場所にすみます。■30〜42mm■5〜10月■北海道〜九州■コゴメヤナギ

ヤエヤマムラサキ
八重山列島でほぼ毎年、夏から秋に見られますが、冬は越せないようです。■35〜46mm■7〜10月を中心に一時的に発生■八重山列島■オオイワガネ

アカボシゴマダラ 珍しい
日本では奄美大島周辺の特産でしたが、近年、関東地方で人間がはなした中国産が分布を広げています。■40〜53mm■3〜10月■奄美諸島。本州では外来種■クワノハエノキ

オオムラサキ
日本の国蝶。おもに平地から低山地にすみます。木のまわりを雄大に飛び、樹液に集まります。■43〜68mm■6〜8月■北海道〜九州■エノキ

ゴマダラチョウ
おもに低地の雑木林にすみ、樹液に集まります。■35〜50mm■5〜9月■北海道〜九州■エノキ

フタオチョウ 珍しい
沖縄県の天然記念物です。■40〜54mm■3〜10月■沖縄島■ヤエヤマネコノチチ

■前翅長　■成虫が見られるおもな時期　■分布　■幼虫の食べもの

ヒョウモンチョウのなかまのはねはオレンジ色で、ヒョウのような模様がある。

※このページの標本は、実物のほぼ80%です。
※このページで紹介しているものは、すべてタテハチョウ科です。

アサヒヒョウモン 珍しい
北海道の高山のお花畑などで見られます。国の天然記念物。■17〜23mm ■6〜8月 ●北海道中部の高山 ●キバナシャクナゲ

ヒョウモンチョウ
おもに山地の草原で見られます。■21〜31mm ■6〜8月 ●北海道、本州 ●ワレモコウ

コヒョウモン
おもに山地の渓流沿いや林の縁で見られます。■23〜33mm ■6〜8月 ●北海道、本州 ●オニシモツケ

ウラギンスジヒョウモン
おもに山地の林の縁や草原で見られます。近年、減少傾向にあるといわれます。■28〜37mm ■5〜10月 ●北海道〜九州 ●タチツボスミレ

オオウラギンスジヒョウモン
おもに山地の林の縁や沢沿いで見られます。秋に低地で見られることもあります。■30〜43mm ■6〜10月 ●北海道〜九州 ●タチツボスミレ

ミドリヒョウモン
おもに山地の沢沿いや林の縁で見られます。■31〜40mm ■5〜10月 ●北海道〜九州 ●タチツボスミレ

メスグロヒョウモン
おもに低山地の林の縁で見られ、オカトラノオなどのみつを吸います。■30〜40mm ■6〜10月 ●北海道〜九州 ●タチツボスミレ

クモガタヒョウモン
ほかの大型ヒョウモン類より早く発生し、低山地の雑木林などで見られます。■33〜42mm ■5〜10月 ●北海道〜九州 ●タチツボスミレ

ウラギンヒョウモン
低山地の草原でよく見られます。■27〜36mm ■5〜10月 ●北海道〜九州 ●スミレ

ツマグロヒョウモン
近年、分布を北に拡大し、関東地方では市街地でもふつうに見られます。■27〜40mm 九州以北では2〜11月 ●本州、四国、九州、南西諸島 ●スミレ

ギンボシヒョウモン
山地の林の縁、草原、沢沿いなどで見られます。■28〜35mm ■6〜9月 ●北海道、本州 ●タチツボスミレ

オオウラギンヒョウモン 絶滅危惧種
全国的に数が減り、限られた草原でしか見られません。■30〜40mm ■6〜10月 ●本州、四国、九州 ●スミレ

テングチョウ
発生時期には林道でとても多くの成虫が水を吸っていることがあります。■19〜29mm ●本州では5〜6月 ●北海道〜南西諸島 ●エノキ

口の一部が前につき出ていて、天狗の鼻のように見える。

マメ知識 ジャノメチョウやマダラチョウ以外のタテハチョウのなかまは、はばたきと滑空を交互にくり返すという、特ちょう的な飛び方をします。

イチモンジチョウ
低地から山地の落葉広葉樹林にすみます。🟥24〜36mm🟦5〜10月🟧北海道〜九州🟥スイカズラ

オオイチモンジ 絶滅危惧種
亜高山帯の渓谷沿い、樹林の周辺にすみます。🟥34〜48mm🟦6〜8月🟧北海道、本州（亜高山帯）🟥ドロノキ

アサマイチモンジ
水田の周辺や川沿いなどで見られます。本州にしかいません。🟥25〜38mm🟦5〜10月🟧本州🟥スイカズラ

コミスジ
おもに平地から低山地の林の縁で見られます。🟥20〜30mm🟦4〜10月🟧北海道〜南西諸島（屋久島以北）🟥クズ

リュウキュウミスジ
南の島の平地から山地にかけての林の縁で見られます。🟥22〜34mm🟦沖縄島では3〜12月🟧南西諸島（奄美諸島以南）🟥タイワンクズ

フタスジチョウ
おもに山地の林の縁などで見られます。ゆるやかに飛びます。🟥20〜28mm🟦6〜8月🟧北海道、本州🟥ホザキシモツケ

オオミスジ
低山地のウメなど、えさとなる木のまわりで見られ、民家の庭でも発生します。🟥32〜38mm🟦6〜8月🟧北海道、本州🟥ウメ

ミスジチョウ
低山地の落葉広葉樹林周辺で見られます。🟥30〜38mm🟦5〜8月🟧北海道〜九州🟥イタヤカエデ

地図のような複雑な模様が特ちょう。

イシガケチョウ
川沿いの林の縁などで見られ、おどろかすとはねを開いて葉の裏にとまります。🟥26〜36mm🟦九州以北では5〜10月🟧本州（近畿地方以西）、四国、九州、南西諸島🟥イヌビワ

ホシミスジ
市街地から山地まで、えさとなる木のある場所で見られます。🟥23〜34mm🟦5〜10月🟧本州、四国、九州🟥シモツケ

スミナガシ
樹林周辺にすみ、すばやく飛びます。樹液に集まります。🟥30〜45mm🟦九州以北では5〜8月🟧本州、四国、九州、南西諸島🟥アワブキ

🟥前翅長　🟦成虫が見られるおもな時期　🟧分布　🟥幼虫の食べもの

※このページの標本は、実物のほぼ80%です。
※このページで紹介しているものは、すべてタテハチョウ科です。

ジャノメチョウ
平地から山地の明るい草原にすみます。■28～42mm ■7～8月 ■北海道～九州 ■ススキ

ヒメウラナミジャノメ
平地から山地の草原や林の縁、河原でよく見られます。■16～24mm 暖地では4～9月 ■北海道～九州、南西諸島（屋久島以北）■ススキ

ウラナミジャノメ 絶滅危惧種
草地や河川敷などで見られ、ヒメウラナミジャノメより分布は限られる。■18～25mm 本州では6～9月 ■本州、四国、九州、南西諸島（屋久島以北）■ススキ

ベニヒカゲ
本州では高山のお花畑や林の縁などで見られる高山蝶。■19～27mm ■7～9月 ■北海道、本州（亜高山帯以上）■ヒメノガリヤス

クモマベニヒカゲ
高山の林の縁やお花畑などで見られる高山蝶。ベニヒカゲより分布はせまいです。■22～28mm ■7～9月 ■北海道、本州（亜高山帯以上）■イワノガリヤス

タカネヒカゲ 絶滅危惧種
本州の高山の岩や石の多いところにすむ高山蝶。■20～30mm ■6～8月 ■本州中部の飛騨山脈と八ヶ岳 ■イワスゲ、ヒメスゲ

ダイセツタカネヒカゲ 珍しい
北海道の高山の岩や石の多いところにすむ高山蝶。国の天然記念物です。■23～30mm ■6～8月 ■北海道（中部）■ダイセツイワスゲ

ツマジロウラジャノメ
山地の河原や岩の多いところなどで見られます。■24～32mm ■5～9月 ■北海道、本州、四国 ■ヒメノガリヤス

ウラジャノメ
山地の樹林周辺にすみます。■22～30mm ■6～8月 ■北海道、本州 ■ヒカゲスゲ

ヒメヒカゲ 絶滅危惧種
湿原や草原にすみます。分布は限られています。■16～23mm ■6～8月 ■本州 ■ヒカゲスゲ

シロオビヒメヒカゲ
北海道の草地などで見られます。■17～21mm ■6～7月 ■北海道 ■ヒカゲスゲ

シロオビヒカゲ
温暖な地域にすむジャノメチョウのなかまで、東南アジアにも広くすみます。おもに竹林で見られます。■32～38mm ■ほぼ一年中 ■八重山列島 ■リュウキュウチク

オオヒカゲ
おもに山地の湿地や明るい林で見られます。■35～46mm ■6～8月 ■北海道、本州 ■カサスゲ

マメ知識 タカネヒカゲなど高山にくらすチョウは、幼虫が育つことのできるあたたかい季節が短いので、成虫になるまでに2年以上かかります。

チョウのなかま

ヒカゲチョウ
雑木林や山地の樹林で見られます。日本にしかいません。■25〜34mm■本州の低地では5〜9月■本州、四国、九州■メダケ

キマダラモドキ 珍しい
平地から山地の林の縁で見られます。分布は限られています。■26〜36mm■6〜8月■北海道〜九州■ススキ

クロヒカゲモドキ 絶滅危惧種
雑木林にすみ、夕方、活発に活動します。分布は限られていて、数が少ないです。■29〜36mm■6〜9月■本州、四国、九州■アシボソ

ヒメキマダラヒカゲ
山地のササのある樹林でよく見られます。■23〜34mm■5〜9月■北海道〜九州■ミヤコザサ

クロヒカゲ
低地から山地の樹林周辺でよく見られます。■23〜33mm■暖地では5〜9月■北海道〜九州■アズマネザサ

ヤマキマダラヒカゲ
山地の樹林にすみ、樹液やけもののふんに集まります。■27〜38mm■5〜9月■北海道〜九州、屋久島■シナノザサ

サトキマダラヒカゲ
雑木林などで見られます。かつてはヤマキマダラヒカゲと混同されていました。■26〜39mm■5〜8月■北海道〜九州■メダケ

ヒメジャノメ
田畑周辺などで見られます。奄美諸島以南には、よく似た別種リュウキュウヒメジャノメがいます。■18〜31mm■5〜10月■北海道〜南西諸島（屋久島以北）■ススキ

コジャノメ
雑木林などで見られます。ヒメジャノメより暗い場所をこのみます。■20〜30mm■本州の暖地では5〜9月■本州、四国、九州■アシボソ

クロコノマチョウ
樹林周辺にすみます。近年、分布を北に広げ、関東地方でも見られます。■32〜45mm■本州中部では6〜10月■本州（関東地方以西）、四国、九州、南西諸島（屋久島以北）■ジュズダマ

■前翅長　■成虫が見られるおもな時期　■分布　■幼虫の食べもの

※このページの標本は、実物のほぼ80%です。
※このページで紹介しているものは、すべてタテハチョウ科です。

カバマダラ
畑や民家の周辺など、明るい場所にすみます。■30〜40mm■八重山列島ではほぼ一年中■九州（南部）、南西諸島■トウワタ、フウセントウワタ

スジグロカバマダラ
低地の林の縁から山地まで、さまざまな場所で見られます。■35〜45mm■八重山列島ではほぼ一年中■宮古列島、八重山列島■リュウキュウガシワ

リュウキュウアサギマダラ
南の島の低地の林の縁でよく見られます。■40〜50mm■ほぼ一年中■南西諸島（トカラ列島以南）■ツルモウリンカ

▶集団で越冬するリュウキュウアサギマダラ。

ツマムラサキマダラ
近年、南西諸島で見られるようになりました。■42〜50mm■ほぼ一年中■南西諸島（沖縄諸島以南）■ガジュマル

オオゴマダラ
民家周辺や林の縁でふわふわと舞うように飛びます。■60〜75mm■ほぼ一年中■南西諸島（奄美諸島以南）■ホウライカガミ

アサギマダラ
■43〜65mm■本州の暖地では4〜10月。一部は本州の東北地方や中部地方の山地に北上し、そこで生まれたものの一部は秋に南下する■北海道〜南西諸島■キジョラン

コラム アサギマダラの長距離移動
アサギマダラのはねにマークを書いてはなし、別の場所でつかまえる方法で調べたところ、2000km以上の移動をしていることがわかりました。春、台湾や南西諸島などから北上して、本州の中部地方などで世代交代。秋に南へ旅立ちます。

マメ知識 マダラチョウのなかまは、体に毒をもっていて、シロチョウやタテハチョウなど多くのほかのチョウがそっくりに擬態しています。

シジミチョウのなかま

シジミチョウのなかまは、小さなチョウばかりです。幼虫はふつう植物を食べますが、なかにはアブラムシなどを食べる肉食性のものもいます。また、体からアリのこのむみつを出して、アリを近づけておくことで、敵から身を守る幼虫もいます。

シジミチョウのなかまは、表と裏で、はねの色や模様が大きく異なることが多い。

ウラギンシジミ 裏面の銀色をかがやかせながら力強く飛びます。■19〜27mm ■本州、四国、九州、南西諸島 ●クズ

ムラサキツバメ 近年分布を広げ、関東地方でも見られます。■20〜25mm ■本州(関東地方以西)、四国、九州、南西諸島 ●マテバシイ

ゴイシシジミ ササのある林などで見られます。幼虫は純肉食性。■10〜17mm ■北海道〜九州 ●アブラムシ

ムラサキシジミ 照葉樹林でよく見られます。■14〜22mm ■本州、四国、九州、南西諸島 ●アラカシ

ルーミスシジミ 〈絶滅危惧種〉 分布は限られ、照葉樹林の沢沿いで見られます。■13〜17mm ■本州、四国、九州、屋久島 ●イチイガシ

ウラゴマダラシジミ 沢沿いや林の縁などで見られます。■17〜25mm ■北海道〜九州 ●イボタ

ムモンアカシジミ 〈珍しい〉 雑木林にすみます。幼虫のまわりには、よくアリがいます。■17〜23mm ■北海道、本州 ●コナラなどの植物とアブラムシなどを食べる

ウラキンシジミ 低山地から山地で見られ、夕方によく活動します。日本にしかいません。■14〜22mm ■北海道〜九州 ●トネリコ

ウラミスジシジミ 低山地にすみ、おもに夕方に活動します。■14〜21mm ■北海道、本州、九州(中部) ●コナラ

ウラクロシジミ おもに山地で見られ、夕方に活発に活動します。■16〜19mm ■北海道(南部)〜九州 ●マンサク

アカシジミ おもに平地から低山地の落葉広葉樹林にすみます。たいへんよく似た別種がいることがわかっています。■16〜22mm ■北海道〜九州 ●コナラ

ミズイロオナガシジミ 落葉広葉樹林で見られ、朝と夕方によく活動します。■11〜19mm ■北海道〜九州 ●コナラ

ウスイロオナガシジミ 山地で見られます。■12〜18mm ■北海道、本州、九州(鹿児島県栗野岳) ●ミズナラ

オナガシジミ おもに低山地のオニグルミの周辺で見られます。夕方によく活動します。■13〜19mm ■北海道〜九州 ●オニグルミ

ウラナミアカシジミ おもに平地から低山地の落葉広葉樹林にすみ、夕方に活動します。■16〜23mm ■北海道、本州、四国 ●クヌギ

ミドリシジミ 湿地や沢沿いなどで見られます。メスの斑紋には4タイプあります。■16〜23mm ■北海道〜九州 ●ハンノキ

■前翅長 ●分布 ●幼虫の食べもの

※このページの標本は、ほぼ実物大です。
※このページで紹介しているものは、すべてシジミチョウ科です。

メスアカミドリシジミ
おもに山地で見られます。正午前後から夕方によく活動します。■18〜24mm■北海道〜九州■ヤマザクラ

アイノミドリシジミ
山地の落葉広葉樹林で見られます。朝に活動します。■15〜23mm■北海道〜九州■ミズナラ

キリシマミドリシジミ
おもに西日本の常緑広葉樹林で見られます。裏面の模様に特ちょうがあります。■18〜24mm■本州、四国、九州、屋久島■アカガシ

ウラジロミドリシジミ
カシワやナラガシワのある林で見られます。おもに夕方活動します。■14〜20mm■北海道〜九州■カシワ

クロミドリシジミ 珍しい
クヌギやアベマキの雑木林にすみます。早朝と夕方に活動します。■19〜22mm■本州、九州■クヌギ

オオミドリシジミ
平地から山地までの落葉広葉樹林で広く見られます。おもに午前中に活動します。■17〜23mm■北海道〜九州■コナラ

ジョウザンミドリシジミ
おもに山地の落葉広葉樹林にすみ、早朝から午前中に活動します。■14〜22mm■北海道、本州■ミズナラ

エゾミドリシジミ
おもに山地の落葉広葉樹林にすみ、午後に活動します。■15〜22mm■北海道〜九州■ミズナラ

フジミドリシジミ
ブナやイヌブナ林にすみます。■14〜19mm■北海道〜九州■ブナ、イヌブナ

コツバメ
早春、低地から山地の林の縁などで見られ、すばやく飛びます。■11〜16mm■北海道〜九州■アセビ

カラスシジミ
低山地から山地の林の縁などで見られます。■15〜19mm■北海道〜九州■ハルニレ

ミヤマカラスシジミ
おもに山地のまばらな林にすみます。■14〜21mm■北海道（南部）〜九州■クロウメモドキなど

幼虫はハリブトシリアゲアリから口移しで動物質のえさをもらう。

キマダラルリツバメ 珍しい
ハリブトシリアゲアリのいるキリ、クワ、サクラなどの古木がある場所で見られます。■12〜18mm■本州

裏面のトラのような模様が特ちょう。

トラフシジミ
低地から山地の林の縁などで見られます。■15〜21mm■北海道〜九州■ウツギ

ベニシジミ
田畑の周辺、河川敷など、明るい場所で見られます。■13〜19mm■北海道〜九州■スイバ

マメ知識 ミドリシジミのなかまは、種類ごとに活動時間帯が異なり、同じ空間を時間をうまく分けあって使っています。

※このページの標本は、ほぼ実物大です。
※このページで紹介しているものは、すべてシジミチョウ科です。

チョウのなかま

幼虫ははじめアブラムシの分泌物をなめ、やがてクロオオアリから口移しでえさをもらう。

クロシジミ 絶滅危惧種
幼虫は、クロオオアリの巣の中で育ちます。■17〜23mm ■本州、四国、九州

ツバメシジミ
市街地の草地や河川敷など、明るい場所で見られます。■9〜19mm ■北海道〜南西諸島（屋久島以北）■コマツナギ

ウラナミシジミ
畑の周辺や公園など、開けた場所で見られます。■13〜19mm ■本州、四国、九州、南西諸島 ■フジマメ

ルリシジミ
市街地や山地の草地から林の縁まで、いろいろな場所で見られます。■12〜19mm ■北海道〜南西諸島（トカラ列島以北）■フジ

ヤマトシジミ
市街地に多く、道ばたや田畑のまわりなど、明るい場所で見られます。■9〜16mm ■本州、四国、九州、南西諸島 ■カタバミ

スギタニルリシジミ
春、山地の沢沿いなどで見られます。■11〜17mm ■北海道〜九州 ■トチノキ

アサマシジミ 絶滅危惧種
低山地から高山の草地で見られます。分布は限られています。■14〜20mm ■北海道、本州 ■ナンテンハギ

オガサワラシジミ 絶滅危惧種
小笠原諸島だけにすむ国の天然記念物。最近では外来種のトカゲ、グリーンアノールにより数が減っています。■13〜18mm ■小笠原諸島 ■オオバシマムラサキ

幼虫ははじめカメバヒキオコシなどを食べ、やがてシワクシケアリの幼虫を食べる。

オオゴマシジミ 珍しい
おもに奥深い山の沢沿いで見られます。分布は限られています。■17〜25mm ■北海道、本州

ヒメシジミ
湿地や草地にすみます。一度にたくさん見られることがあります。■11〜17mm ■北海道、本州（九州は近年記録がない）■ヨモギ

▲ミヤマシジミの幼虫は、アリのこのむみつを出し、ボディガードとして利用する。

ミヤマシジミ 絶滅危惧種
山地の草原や河川敷などで見られます。近年、減少傾向にあります。■12〜17mm ■本州 ■コマツナギ

ゴマシジミ 絶滅危惧種
火山の近くの草原や田畑の周辺など、えさとなる草のある場所で見られます。■14〜28mm ■北海道、本州、九州

幼虫ははじめワレモコウなどを食べ、やがてシワクシケアリの巣の中に運ばれて、アリの幼虫を食べる。

■前翅長　■分布　■幼虫の食べもの

セセリチョウのなかま

セセリチョウのなかまは小型で、はねの大きさにくらべて体が太いですが、とてもすばやく飛びまわります。幼虫には、葉を巻きつけて巣をつくり、その中にかくれてくらす種類が多くいます。

※このページの標本は、ほぼ実物大です。
※このページで紹介しているものは、すべてセセリチョウ科です。

セセリチョウのなかまは、黄土色や茶色など、目立たない色のものが多い。

キバネセセリ
渓谷沿いの林道などで見られます。オスは地面で水を吸ったり、けもののふんに集まったりします。■20〜26mm ■北海道〜九州 ■ハリギリ

ダイミョウセセリ
市街地の近くの林の縁でも見られ、はねを開いてとまります。■15〜21mm ■北海道（南部）〜九州 ■ヤマノイモ

ミヤマセセリ
早春に発生し、雑木林で見られます。はねを開いて地面にとまります。■14〜22mm ■北海道〜九州 ■コナラ、クヌギ

絶滅危惧種
チャマダラセセリ
開けた草原などにすみ、地表近くをすばやく飛びます。■11〜16mm ■北海道（東部）、本州、四国 ■キジムシロ

日本のセセリチョウのなかで最大級。

アオバセセリ
樹林のまわりにすみ、朝と夕方にすばやく飛びます。■23〜31mm ■本州、四国、九州、南西諸島 ■アワブキ

ギンイチモンジセセリ
河原や草原にすみ、ゆるやかに飛びます。■13〜21mm ■北海道〜九州 ■ススキ

クロセセリ
低地の林などで見られます。とても長い口をもち、すばやく飛びます。■17〜24mm ■本州、九州、南西諸島 ■ミョウガ

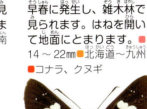

ホソバセセリ
林の縁などで見られ、ゆるやかに飛びます。■16〜21mm 本州、四国、九州 ■ススキ

コチャバネセセリ
山地のササの多い林の縁などで見られ、けもののふんに集まります。■13〜19mm ■北海道〜九州 ■チマキザサ

スジグロチャバネセセリ
山地の草原などで見られます。■14〜18mm ■北海道〜九州 ■カモジグサ

ヘリグロチャバネセセリ
山地の明るい草原などで見られます。■11〜17mm ■北海道〜九州 ■ヒメノガリヤス

コキマダラセセリ
山地の草原や湿原などで見られます。■15〜20mm ■北海道、本州 ■ススキ

ネッタイアカセセリ
林の縁で、タチアワユキセンダングサのみつを吸うのがよく見られます。■15〜19mm ■八重山列島 ■ススキ

キマダラセセリ
草原や林の縁のほか、市街地でも見られます。■12〜17mm ■北海道〜南西諸島（トカラ列島以北）■ススキ

オオチャバネセセリ
山地の林の縁を中心に見られます。■16〜22mm ■北海道〜九州 ■アズマネザサ

チャバネセセリ
河原、田畑などの開けた場所にすみます。■13〜21mm ■本州、四国、九州、南西諸島 ■チガヤ

ミヤマチャバネセセリ
河原や草原で見られます。■16〜22mm ■本州、四国、九州 ■ススキ

イチモンジセセリ
イネの害虫。集団で移動することが知られています。■15〜21mm ■本州、四国、九州、南西諸島 ■イネ

Q&A Q:チョウのなかで、飛ぶのがもっとも速いのは、どのチョウのなかまですか？　A:セセリチョウのなかまです。

ガのなかま

　ガは、チョウのなかま（チョウ目）にふくまれます。しかし、その種類はチョウよりもずっと多く、チョウ目のうちの90％以上が、ガのなかまとされています。日本だけでも、6000種以上います。多くのガは夜行性で、視覚はあまり発達していません。また、光にむかって飛ぶ習性があるので、電灯などに集まっているのがよく見られます。

ガは美しい

　ガのはねは、目立たないと思われがちですが、昼行性のガのなかには、あざやかなはねをもつものもいます。また、夜行性のガでも、種類によっては、目立つ色や模様をしています。目立つはねは、敵をおどろかせたり、毒をもつことを知らせたりするのに役立ちます。

▼樹液を吸うフクラスズメ。

▼空中で静止しながら花のみつを吸うホウジャク。

ガも花のみつを吸う

　ガも、チョウと同じように、ストローのような口で花のみつや樹液などを吸います。幼虫は種類によって植物の葉や茎、果実のほか、木材、かれ葉、ほかの昆虫など、さまざまなものを食べて成長します。また、成虫の口が退化していて、なにも食べないものもいます。

どこにいる？
　種類によっては、木やかれ葉など、植物に擬態するものもいます。幼虫でも、シャクガの幼虫のシャクトリムシのように、木の枝そっくりに擬態するものもいます。

▲木に生える地衣類に擬態するゴマケンモン。

▲はねのないチャバネフユエダシャクのメス。

これもガ
　ガは非常に種類が多いため、独特の外見や性質をもつものがたくさんいます。はねがなく、飛ぶことができないフユシャクのメスや、飛び方までハチにそっくりなスカシバガのなかまなど、一見、ガには見えないような種類もいます。

▶メスはしりの先からオスを引きつけるフェロモンを出す。

においでメスをさがす
　ガのオスは、メスをにおいでさがします。メスが出すフェロモンのにおいを触角でキャッチし、メスのいるほうへ飛んでいき、交尾をします。

▲あざやかなはねをもつヨナグニサンは、前ばねの長さが140㎜ほどにもなる、日本最大のガ。

▲ヤママユの交尾。

ヤママユガのなかま

ヤママユガのなかまは大型で、はばの広いはねをもちます。夜行性で、明かりなどによく集まってきます。口が退化しているので、成虫になるとなにも食べません。

※このページの標本は、実物のほぼ80%です。
※このページで紹介しているものは、すべてヤママユガ科です。

▲ヤママユのオスの大きな触角。

ヤママユ
「天蚕」ともよばれ、長野県などでは江戸時代から、まゆから糸をとるために飼育されています。 ■75～90mm ■7～9月 ■北海道～南西諸島 ■クヌギ、カシ類

▲目玉のような模様で敵をおどかし、身を守る。

シンジュサン
■65～85mm ■5～9月 ■北海道～南西諸島 ■シンジュ、キハダ

クスサン
幼虫は「白髪太郎」、まゆは「すかし俵」とよばれています。 ■60～80mm ■9～10月 ■北海道～南西諸島 ■クリ、サクラ

エゾヨツメ
春だけに出現します。北の地方では昼間にも活動します。
■35～55mm ■4～5月 ■北海道～九州 ■ブナ、ハンノキ

■前翅長　■成虫が見られるおもな時期　■分布　■幼虫の食べもの

ウスタビガ
独特の形をした黄緑色のまゆは、「山かます」とよばれます。■45～60mm■10～11月■北海道～九州■クヌギ、オオモミジ

オオミズアオ
姿がよく似たオナガミズアオとの見分けには注意が必要です。■50～80mm■4～8月■北海道～九州■コナラ、サクラ

ハグルマヤママユ 珍しい
成虫が多いのは5月と9月。メスはほとんど見つかりません。■40～50mm■3～10月■奄美大島、徳之島、沖縄島■シマサルナシ

ヒメヤママユ
■40～60mm■10～11月■北海道～九州■サクラ、ガマズミ

コラム ガからとれる糸

チョウ目の重要な特ちょうのひとつは、幼虫が糸をつくるということです。糸は口からはき出され、まゆ、さなぎの固定、巣づくり、命綱などさまざまな用途に使われます。この糸は軽くてじょうぶなので、昔から人間が利用してきました。カイコのまゆからとる絹糸がもっとも有名ですが、ヤママユやヨナグニサンのまゆからも糸をとることができます。

▲ヤママユのまゆ。

▲カイコのまゆ。

▲糸を出すヤママユの幼虫。

Q: 世界一大きなガはなんですか？　A: フィリピンにいるカエサルヨナグニサンが、はねの長さも面積も世界一だといわれています。

スズメガのなかま

スズメガのなかまは、胸部と腹部が太く、がっしりとしています。花のみつを吸う種類には口がとても長いものがいます。すばやく飛びまわるだけでなく、空中で静止しながらみつを吸うこともできます。

※このページの標本は、実物のほぼ80%です。
※このページで紹介しているものは、すべてスズメガ科です。

▼スズメガのなかまの長くのびる口。

エビガラスズメ
ストロー状の口は、とても長いです。■38〜48mm ■5〜11月 ■北海道〜南西諸島 ■サツマイモ

クロメンガタスズメ
日本の各地に分布を広げていて、さまざまな場所で幼虫や成虫が見つかっています。■45〜58mm ■7〜11月 ■本州、四国、九州、南西諸島 ■ナス、トマト、デイゴ

キョウチクトウスズメ
本州や九州のものは、たまたま飛んできたり、その子孫が一時的に発生したりする「偶産蛾」です。■40〜47mm ■5〜12月 ■本州、九州、南西諸島 ■キョウチクトウ、ニチニチソウ

ホシホウジャク
ハチドリのように空中で静止しながら花のみつを吸います。■23〜28mm ■7〜11月（南西諸島では一年中） ■北海道〜南西諸島 ■ヘクソカズラ

オオシモフリスズメ
■55〜70mm ■3〜4月 ■本州（長野県、静岡県以西）、四国、九州 ■サクラ、ウメ

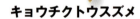

鱗粉のない、透明なはねが特ちょう。

ベニスズメ
成虫はクヌギなどにもやってきて、空中で静止しながら樹液を吸うこともあります。■22〜32mm ■4〜9月 ■北海道〜九州 ■ホウセンカ

セスジスズメ
幼虫は黒地に黄色いしまと目玉のような模様をしています。成虫は夕方に花のみつを吸います。■26〜36mm ■6〜10月（南西諸島では一年中） ■北海道〜南西諸島 ■サトイモ、ノブドウ

オオスカシバ
羽化直後のはねはクリーム色ですが、はねが固まると鱗粉が振り落とされて透明になります。■23〜30mm ■6〜9月（南西諸島では3〜12月） ■本州、四国、九州、南西諸島 ■クチナシ

■前翅長　■成虫が見られるおもな時期　■分布　■幼虫の食べもの

ヤガのなかま

※このページの標本は、実物のほぼ60%です。
※このページで紹介しているものは、すべてヤガ科です。

ヤガのなかまはとても多く、日本だけでも1200種ほどがいます。大きさも、はねの形や模様もさまざまです。夜行性のものが多いですが、なかには昼行性のものもいます。

カラスヨトウ
真夏には木の皮の下などに集まって休んでいます。■19～22mm■7～12月■北海道～九州■タンポポ

シンジュキノカワガ
中国大陸などから飛んでくる「偶産蛾」。街路樹などで大量発生することがあります。■35～44mm■7～11月■北海道～南西諸島■シンジュ

タマナヤガ
畑の農作物の害虫として知られています。■20～25mm■6～10月（南西諸島では3～11月）■本州、四国、九州、南西諸島■キャベツ

アズサキリガ 珍しい
山地にすみ、春先の短い期間だけあらわれます。■19～20mm■3～5月■北海道、本州■ウラジロモミ（野外で幼虫は見つかっていない）

キシタバ
雑木林などにすみ、樹液にも集まります。■26～36mm■7～8月■本州、四国、九州■コナラ、フジ

サラサリンガ
幼虫は集団で木の皮の下などに巣をつくり越冬します。■15～21mm■6～7月■本州、四国、九州■クヌギ

トラガ
昼間に飛んで、花に集まりみつを吸います。■30～33mm■4～5月■北海道、本州、九州■シオデ、サルトリイバラ

ムラサキシタバ
おもに山地にすみ、夜は明かりに飛んできます。■45～55mm■8～10月■北海道、本州、四国■ヤマナラシ

ベニシタバ
■35～42mm■7～9月■北海道～九州■イヌコリヤナギ

ベニモンコノハ 珍しい
■57～65mm■7～8月■九州、南西諸島

シロシタバ
■43～50mm■7～10月■北海道～九州■ウワミズザクラ

アケビコノハ
モモなどの熟した果実に口をつきさして汁を吸います。■48～55mm■5～10月■北海道～南西諸島■アケビ、ムベ

アケビコノハの前ばねは、名前のとおり木の葉にそっくり。

オオトモエ
東北地方ではとてもめずらしく、北海道では「偶産蛾」です。■50～56mm■4～9月（南西諸島では一年中）■北海道～南西諸島■サルトリイバラ

マメ知識 日本では6000種以上のガが知られていますが、毎年新種や新記録種が見つかっており、将来は8000種をこえるだろうといわれています。

シャクガなどのなかま

シャクガのなかまは、体が細く、はねのはばが広いのが特ちょうです。よくとまる木や葉に似た模様のはねをもつ種類が多くいます。幼虫は、指で長さ（尺）をはかるような動き方で前進するので、シャクトリムシとよばれます。

▲シャクガの幼虫、シャクトリムシ（トンボエダシャク）。

カギバアオシャク
生きているときは美しい緑色ですが、死ぬと黄色く変色します。■シャクガ科 ■30〜45mm ■5〜10月 ■本州、四国、九州、南西諸島 ■コナラ、カシ類

トビモンオオエダシャク
大量発生して、山中の木の葉を食べつくすことがあります。■シャクガ科 ■26〜45mm ■3〜4月（南西諸島では12月〜翌年2月）■北海道〜南西諸島 ■クヌギ、ケヤキ

トンボエダシャク
成虫は昼間に飛びます。■シャクガ科 ■25〜30mm ■6月 ■北海道〜九州 ■ツルウメモドキ

アミメオオエダシャク
■シャクガ科 ■35〜42mm ■4〜6月 ■北海道〜九州

ウスバフユシャク
冬に出現する成虫は、口が退化していて、なにも食べません。■シャクガ科 ■15〜19mm（メスははねがありません）■12月〜翌年2月 ■北海道〜九州 ■コナラ、サクラ

フユシャクのメスのはねは退化していて飛べない。

※このページの標本は、実物のほぼ60%です。

ユウマダラエダシャク
町中でよく見かけます。■シャクガ科 ■16〜28mm ■5〜10月（南西諸島では11月〜翌年3月）■北海道〜南西諸島 ■マサキ

キオビエダシャク
庭木に大量発生することがあります。■シャクガ科 ■27〜33mm ■3〜11月 ■九州、南西諸島 ■イヌマキ

ヒョウモンエダシャク
山地にすみます。夜に明かりに多数が集まります。■シャクガ科 ■23〜30mm ■6〜9月 ■北海道〜九州 ■アセビ

チャマダラエダシャク
■シャクガ科 ■38〜45mm ■8〜10月 ■北海道〜九州 ■クロモジ

スカシカギバ
成虫は、前ばねを下げて後ろばねをねじった独特の姿勢でとまります。■カギバガ科 ■22〜32mm ■5〜8月（南西諸島では一年中）■本州、四国、九州、南西諸島 ■アラカシ、クヌギ

アカウラカギバ
前ばねを下げてとまっている姿は、かれ葉のように見えます。■カギバガ科 ■20〜25mm ■5〜10月 ■本州、四国、九州、南西諸島 ■ユズリハ

イカリモンガ
はねを立ててとまるので、よくチョウとまちがわれます。■イカリモンガ科 ■16〜20mm ■4〜5月、7〜8月 ■北海道〜九州 ■イノデ

モントガリバ
幼虫は葉の上で、「J」の形でとまっています。■カギバガ科 ■17〜20mm ■5〜10月 ■北海道〜南西諸島 ■カジイチゴ

アゲハモドキ
ジャコウアゲハに似ています。昼行性ですが、夕方から夜にも飛びます。■アゲハモドキガ科 ■30〜37mm ■6〜9月 ■北海道〜九州 ■ミズキ

ヒトリガ、ドクガのなかま

ヒトリガの多くははでな色のはねをもち、昼行性の種類も少なくありません。ドクガの幼虫は、毒のある毛をもち、成虫の体にも幼虫の毒毛がくっついています。

※このページの標本は、実物のほぼ60%です。

ヒトリガ
本州では山地にすんでいます。■ヒトリガ科 ■30～43mm ■8～9月 ■北海道、本州 ■ヨモギ、ギシギシ

キハラゴマダラヒトリ
はねを閉じてとまっているときは、腹の赤いアカハラゴマダラヒトリとの見分けがむずかしいです。■ヒトリガ科 ■17～25mm ■4～9月 ■北海道～九州 ■クワ、サクラ

スジモンヒトリ
■ヒトリガ科 ■20～25mm ■4～9月 ■北海道～南西諸島 ■クワ、マサキ

マエアカヒトリ 珍しい
草地にすむガで、ネギ畑で発生することもあります。■ヒトリガ科 ■28～34mm ■5～8月 ■本州、四国、九州 ■ネギ

ジョウザンヒトリ
本州では東北地方や中部地方の山地にすんでいます。■ヒトリガ科 ■37～43mm ■7～8月 ■北海道、本州 ■ヤナギ類、タンポポ

リシリヒトリ 珍しい
分布している場所は限られています。成虫は昼間に草地をすばやく飛びます。■ヒトリガ科 ■15～20mm ■6月 ■北海道（利尻島をふくむ）■オオバコ（野外で幼虫は見つかっていない）

シロヒトリ
幼虫は黒くて長い毛の、よく動きまわる毛虫で、「熊毛虫」ともよばれています。■ヒトリガ科 ■28～37mm ■8～9月 ■北海道～九州 ■キャベツ、タンポポ

モンシロモドキ
成虫は昼間に飛びます。■ヒトリガ科 ■24～28mm ■南西諸島では一年中 ■本州、四国、九州、南西諸島 ■ヒメジョオン、スイゼンジナ

トラフヒトリ
成虫はおもに昼間に飛びます。■ヒトリガ科 ■36～45mm ■5～9月 ■対馬 ■ウメ、イタドリ

マイマイガ
オスとメスは、大きさやはねの模様がちがいます。■ドクガ科 ♂25～28mm ♀35～47mm ■7～8月 ■北海道～九州 ■クヌギ、サクラ

シロシタマイマイ
オスとメスは、大きさやはねの模様がちがいます。■ドクガ科 ♂25～35mm ♀35～42mm ■5～7月 ■本州、四国、九州、南西諸島 ■ハゼノキ、ホルトノキ

オビガ
幼虫は、長い毛と短い毛の束をもったケムシです。■オビガ科 ■22～32mm ■6～9月 ■北海道～九州 ■ハコネウツギ

スキバドクガ
メスは全身クリーム色で、オスとはまったくちがう姿をしています。■ドクガ科 ♂17～20mm ♀24～30mm ■2～12月 ■南西諸島 ■ガジュマル

チャドクガ
幼虫だけでなく、メスの成虫も毒のある毛が生えています。■ドクガ科 ■10～20mm ■7～10月 ■本州、四国、九州 ■ツバキ、チャ

毒をもつドクガの幼虫

ドクガやチャドクガは、その名のとおり毒をもっています。黄色や赤などはでな色の幼虫（毛虫）にふれると、毒のある毛がささってかぶれてしまいます。

カノコガ
昼間に草地を飛びます。■ヒトリガ科 ■15～18mm ■6～8月 ■北海道～九州 ■タンポポ

ドクガ
はねや体が黄色いのは、毒をもっていることを示します。■ドクガ科 ♂15～18mm ♀22～25mm ■6～8月 ■北海道～九州 ■サクラ、カキ

マメ知識 シャクトリムシは、欧米では輪（ループ）をつくるような動きをしているととらえられ、ルーパーとよばれています。

シャチホコガ、カイコガなどのなかま

シャチホコガのなかまの幼虫は、その名のとおり、しゃちほこによく似ています。成虫のはねの色や模様は、種類によってさまざまです。カイコガのなかまの成虫には口がなく、なにも食べません。

※このページの標本は、実物のほぼ70%です。

▲かれ葉に擬態するムラサキシャチホコ。

▲しゃちほこにそっくりなシャチホコガの幼虫。

シャチホコガ
幼虫は近づくとあしを広げ、体をふるわせておどかします。■シャチホコガ科 ■24〜34mm ■4〜9月 ■北海道〜九州 ■ケヤキ、コナラ

ムラサキシャチホコ
はねをたたんでとまった姿は、かれ葉やかれ枝に似ています。■シャチホコガ科 ■28〜30mm ■4〜9月 ■北海道〜九州 ■オニグルミ

アカネシャチホコ
■シャチホコガ科 ■26〜32mm ■6〜8月 ■北海道〜九州 ■ミズナラ

ヤスジシャチホコ
■シャチホコガ科 ■23〜28mm ■5〜9月 ■北海道〜九州 ■ハリギリ

モクメシャチホコ
■シャチホコガ科 ■28〜34mm ■5〜7月 ■北海道、本州 ■ヤナギ類、ドロノキ

ムクツマキシャチホコ
はねを筒のように丸めてとまります。■シャチホコガ科 ■27〜34mm ■7〜8月 ■本州、四国、九州 ■ムクノキ

カレハガ
オスとメスは、大きさやはねの形がちがいます。はねをたたんでとまった姿は、かれ葉によく似ています。■カレハガ科 ■25〜45mm ■6〜9月 ■本州、四国、九州 ■サクラ、ウメ

イボタガ
成虫は春先の短い期間だけ出現します。■イボタガ科 ■46〜50mm ■3〜4月 ■北海道〜九州 ■イボタノキ

▼口のないカイコ。

カイコガ
まゆから絹糸をとるため、3000年以上前から飼育されています。はねは退化していてほとんど飛べません。■カイコガ科 ■16〜23mm ■5〜11月（南西諸島では一年中）■北海道〜南西諸島 ■クワ

マツカレハ
オスとメスは、大きさやはねの形がちがいます。幼虫は体の一部に毒のある毛をもっています。■カレハガ科 ■25〜45mm ■6〜10月 ■北海道〜南西諸島 ■アカマツ

クワコ
カイコの祖先（野生種）と考えられています。飛べますが、口がないので、なにも食べません。■カイコガ科 ■16〜23mm ■6〜11月 ■北海道〜九州 ■クワ

いろいろなガ

※このページの標本は、実物のほぼ110%です。

ハマキガのなかまは、幼虫が植物の葉を巻いて、その中でくらします。イラガのなかまの幼虫は、毒のある毛をもっているので注意が必要です。

ボクトウガ
🟢ボクトウガ科 🟦23〜30mm 🟦6〜8月 🟧北海道〜九州 🟥リンゴ（幹）、昆虫

コウモリガ
成虫は夕方に飛びまわります。メスは飛びながら卵を産んで、ばらまきます。🟢コウモリガ科 🟦22〜60mm 🟦8〜10月 🟧北海道〜九州 🟥ヤナギ類、アカメガシワ（幹、茎）

ビロードハマキ
西日本にすむガですが、東日本にも分布を広げています。🟢ハマキガ科 🟦16〜27mm 🟦6〜7月、9〜10月 🟧本州、四国、九州 🟥モミジ類、ツバキ

ヤシャブシキホリマルハキバガ
🟢マルハキバガ科 🟦14〜19mm 🟦6〜8月 🟧北海道、本州、九州 🟥ヤシャブシ

ヤマトニジュウシトリバ
🟢ニジュウシトリバガ科 🟦8mm 🟦4〜10月 🟧北海道、本州、九州

300%

クロボシシロオオシンクイ
🟢シンクイガ科 🟦10〜15mm 🟦7〜8月 🟧本州、四国、九州 🟥リンゴ（実）

ヒゲナガガのなかまは、自分の体よりはるかに長い触角をもっている。

ツマモンヒゲナガ
メスと出会うために、多くのオスが同じ場所で群がって飛びます。🟢ヒゲナガガ科 🟦5〜8mm 🟦4〜8月 🟧北海道〜九州 🟥落ち葉

ナカノホソトリバ
夕方に草むらを飛びまわっています。🟢トリバガ科 🟦7〜11mm 🟦5〜9月 🟧北海道、本州、九州 🟥メドハギ、ヤマハギ

チャハマキ
オスとメスは、大きさやはねの形や模様がちがいます。🟢ハマキガ科 🟦10〜20mm 🟦3〜11月 🟧北海道〜南西諸島 🟥チャノキ、ミカン類

♂

オオミノガ
メスの成虫ははねもあしもなくて、みのに入ったまま交尾して産卵します。🟢ミノガ科 🟦15〜20mm 🟦5〜7月 🟧本州（関東地方以西）、四国、九州、南西諸島 🟥ミカン類、クリ

ツマキホソハマキモドキ
昼間にえさとなる植物の近くで活動しますが、夜に明かりにも飛んできます。🟢ホソハマキモドキガ科 🟦8〜11mm 🟦5〜9月 🟧北海道〜九州 🟥ショウブ、セキショウ（茎）

ヨツボシセセリモドキ
北海道から九州には、よく似たニホンセセリモドキが分布しています。🟢セセリモドキガ科 🟦16mm 🟦4〜8月 🟧南西諸島（おもに八重山列島）

▲ミノムシとして知られている、ミノガの幼虫。

マメ知識 ボクトウガの幼虫は木の幹だけでなく、ほったあなから出る樹液に集まる昆虫をとらえて食べていることが、最近わかりました。

ガのなかま

サツマニシキ
夕方、えさとなる木の近くを飛びます。昼間に花のみつを吸う姿もよく見られます。■マダラガ科■33〜40mm■6〜7月、9〜10月■本州（三重県以西）、四国、九州、南西諸島■ヤマモガシ

マダラガのなかまは、はでな色で毒をもつことを伝えている。

オキナワルリチラシ
南西諸島では昼間飛んでいますが、本州から九州では夜に明かりに飛んでくることが多いです。■マダラガ科■30〜36mm■静岡県などでは9月、九州では7〜8月と9〜10月、八重山列島ではほぼ一年中■本州（静岡県以西）、四国、九州、南西諸島■ヒサカキ

全身が黒く、頭部だけが赤いところが、ホタルに似ている。

ホタルガ
昼間、えさとなる木の近くを飛びます。夜に明かりにも飛んできます。■マダラガ科■22〜30mm■6〜7月、8〜9月■北海道〜九州■ヒサカキ

ブドウスカシクロバ
昼間に飛びます。■マダラガ科■10〜14mm■南西諸島では3月、西日本では5月、東日本では6月、北海道では7月■北海道〜南西諸島■ノブドウ

ウスバツバメガ
早朝から午前中に活発に飛びます。夜に明かりにも飛んできます。■マダラガ科■30〜35mm■9〜10月■本州、四国、九州■サクラ

クロツバメ
昼間に飛びます。公園に植えられたアカギで大量発生することがあります。■マダラガ科■30〜40mm■6〜10月■南西諸島（奄美大島以南）■アカギ

ミノウスバ
昼間にえさとなる木の近くを飛びます。■マダラガ科■15〜20mm■11月■北海道〜九州■マサキ

アオイラガ
幼虫の毛には毒があり、さわると激しい痛みを感じます。■イラガ科■13〜16mm■6〜7月■本州、四国、九州■ヤナギ類、クリ

ヒロヘリアオイラガ 外来種
もともと日本にはいなかった外来種です。■イラガ科■13〜16mm■4〜6月、8〜9月■本州、四国、九州、南西諸島■サクラ、クスノキ

コラム セミに寄生するヤドリガ
セミヤドリガは、とても変わった生活をしています。幼虫はヒグラシやミンミンゼミなどの腹部にしがみつき、体液を吸って育ちます。オスの成虫はほとんど見られず、メスは交尾をしないで卵を産むことができます。

▲セミヤドリガの成虫。

▲セミの腹部につく、セミヤドリガの幼虫。

■科 ■前翅長 ■成虫が見られるおもな時期 ■分布 ■幼虫の食べもの

※このページの標本は、実物のほぼ130%です。

▲ハチにそっくりなセスジスカシバ。

スカシバガのなかまは、ハチに擬態して、敵から身を守る。

キクビスカシバ
成虫は黒いツチバチのなかまにそっくりです。花のみつを吸います。■スカシバガ科 ■13〜19mm ■7〜10月 ■北海道、本州、九州 ■サルナシ（茎）

キタスカシバ
成虫はスズメバチやアカウシアブなどの飛び方にそっくりです。■スカシバガ科 ■15〜24mm ■6〜8月 ■北海道、本州 ■ヤマナラシ、オノエヤナギ（幹）

クビアカスカシバ
成虫はスズメバチにそっくりです。■スカシバガ科 ■15〜22mm ■7月 ■北海道〜九州 ■ブドウ（木の皮）

シタキモモブトスカシバ
成虫はハナバチに飛び方も似ています。花のみつを吸います。■スカシバガ科 ■12〜15mm ■6〜10月 ■本州、四国、九州、奄美大島、沖縄島 ■カラスウリ（茎）

オオキノメイガ
■ツトガ科 ■20〜24mm ■6〜11月 ■本州、四国、九州、南西諸島 ■ネコヤナギ

オオツヅリガ
幼虫は砂の中に糸で筒状の巣をつくり、コケを食べています。■メイガ科 ■12〜25mm ■6〜9月 ■北海道〜九州 ■コケ類

マメノメイガ
■ツトガ科 ■11〜14mm ■5〜10月（南西諸島では一年中） ■北海道〜南西諸島 ■アズキ（花、実）

クロスジツトガ
とまっているときは、筒のような姿です。■ツトガ科 ■8〜12mm ■7〜8月 ■北海道〜九州

クロマダラツトガ
■ツトガ科 ■11〜15mm ■5月 ■本州、四国、九州

キオビミズメイガ
幼虫は流れの速い川の石の上で、口から出した糸でコケの下などに巣をつくります。■ツトガ科 ■9〜12mm ■6〜9月 ■本州、四国、九州 ■コケ類

クワノメイガ
■ツトガ科 ■11〜14mm ■5〜9月 ■本州、四国、九州、南西諸島 ■クワ

マエアカスカシノメイガ
町中でよく見かけます。■ツトガ科 ■14〜18mm ■4〜9月（南西諸島では一年中） ■北海道〜南西諸島 ■ネズミモチ

モモノゴマダラノメイガ
マツノゴマダラノメイガとよく似ています。■ツトガ科 ■11〜14mm ■5〜8月 ■北海道〜九州 ■モモ、ナス

ワタヘリクロノメイガ
■ツトガ科 ■13〜18mm ■6〜10月 ■北海道〜南西諸島 ■カラスウリ、ヘチマ

シロオビノメイガ
昼間でも草原や畑の近くを飛びます。群れで大移動することもあります。■ツトガ科 ■11〜14mm ■6〜11月 ■北海道〜南西諸島 ■ホウレンソウ、ヒユ（葉）

Q: ガはみんな毒をもっていますか？　A: 成虫に毒があるのはドクガの一部のなかまだけです。幼虫に毒があるガもごくわずかです。

コラム チョウ、ガの幼虫大集合

チョウやガの幼虫には、個性的な色や模様をもつものがたくさんいます。チョウの幼虫はいも虫、ガの幼虫は毛虫と決まっているわけではなく、チョウとガともに、幼虫がいも虫のものと毛虫のものがいます。

●へんな顔

▲スミナガシ

▶アオバセセリ

▼モクメシャチホコ

●じまんの毛・とげ

▲アカイラガ

▲クスサン

▲ルリタテハ

●ふしぎな模様

▲アサギマダラ

▲シロシタホタルガ

▲キアゲハ

●ヘビのまね

▲ミカドアゲハ　▲アケビコノハ

▲ツマベニチョウ

世界のチョウのなかま

一年を通してあたたかい熱帯地域を中心に、多くのチョウが生息しています。ニューギニア島周辺には、世界最大級のチョウが集まり、また、南アメリカ大陸には、その地域独特のチョウが数多くいます。

※このページの標本は、実物のほぼ60%です。

オオルリアゲハ
ニューギニア島やオーストラリア北東部などにすむ大型のカラスアゲハのなかまです。青い部分が広く、美しいはねをもっています。前翅長は60mm前後です。

ミンドロカラスアゲハ
1992年に新種として発表された、フィリピンのミンドロ島だけにすむカラスアゲハのなかまです。前翅長は55mm前後です。

> メガネトリバネアゲハのなかまは、すむ島によって色が異なる。

メガネトリバネアゲハ
世界を代表する大型のアゲハです。マルク諸島やニューギニア島、オーストラリア東部などにすみます。幼虫は毒のある植物のなかまを食べます。雄大に空高く飛ぶ姿は、昆虫好きのあこがれです。前翅長はオス60〜95mm、メス65〜115mmです。

アオメガネトリバネアゲハ
メガネトリバネアゲハのなかまのうち、ソロモン諸島周辺にすむ種類は、青いはねをしています。前翅長はオス65〜95mm、メス90〜110mmです。

▲アオメガネトリバネアゲハの幼虫。

アカメガネトリバネアゲハ
マルク諸島北部のバチャン島やハルマヘラ島にすむものは、赤いはねをしています。前翅長はオス85mm前後、メス105mm前後です。

> トリバネアゲハのなかまは、オスだけがはでな色のはねをもち、メスのはねの色は地味。

アレクサンドラトリバネアゲハ
前翅長がオスは100㎜、メスは120㎜にもなる世界最大のチョウです。1906年、最初に見つけた人は銃でうってつかまえました。ニューギニア島南東部の、限られた地域にすみます。

チョウ、ガのなかま

※このページの標本は、ほぼ実物大です。

ヒレオトリバネアゲハ
後ろばねが極端に変形したトリバネアゲハのなかまです。ニューギニア島のごく限られた場所にすむめずらしい種類です。大きな個体でもオスで60mm、メスで80mm程度と、トリバネアゲハとしては小型です。

アカエリトリバネアゲハ
マレー半島やボルネオ島などにすみます。オスは温泉のわく河原にたくさん集まって水を吸います。前翅長は80～90mmです。

チェケニィウスバ
中国・青海省などの高山にすむ、美しいウスバシロチョウのなかまです。前翅長は28～39mmです。

マラッカーナ ベニボシイナズマ
とても速く飛び、よく熟した果実などにやってきます。前翅長は30mm前後。東南アジアに分布しますが、一部の地域をのぞきめずらしい種類です。

アルボプンクタータオオイナズマ
インドシナ半島にすみ、メスは前翅長57mm前後もある大型のタテハチョウのなかまです。地表近くをすべるように飛びます。地面によくとまりますが、人間の気配にとても敏感です。

オオカバマダラ
おもに北アメリカから南アメリカ北部にすみます。冬になると暖かい地方に移動し、集団で冬をこします。前翅長は50mmほどです。

111

世界のガのなかま

世界では、チョウとガのなかまは、あわせて約15万種が知られています。そのうちのほとんどが、ガのなかまで、まだ知られていないガも、数多くいると考えられています。

※このページの標本は、実物のほぼ60%です。

ニシキオオツバメガ
マダガスカル島だけにすんでいます。世界でもっとも美しいガといわれています。体に毒をたくわえていることをアピールするために、あざやかな模様になったと考えられています。前翅長は60mm前後です。

マダガスカルオナガヤママユ
後ろばねの尾状突起は世界のガのなかでいちばん長く、150mmになるものもいます。アフリカ東岸のマダガスカル島だけにすんでいて、数は多くありません。前翅長は100mm前後です。

イザベラミズアオ
ヨーロッパのアルプス山脈からスペインのピレネー山脈にかけての山地に分布し、おもに松林に生息しています。最近は数が少なくなったため、保護されています。前翅長は45mm前後です。

プシタックスカストニア
チリに生息するチョウのようなガです。前翅長は50mm前後。カストニアのなかまの多くは中央アメリカと南アメリカに分布し、日中に活動します。高所をすばやく飛ぶ種類が多く、採集しにくいなかまです。

ナンベイオオヤガ
前翅長が170mmになるものもいる、前ばねの長いガです。中央アメリカから南アメリカの赤道付近に分布しています。コウモリに似た飛び方をして、明かりにも飛んできます。

ハチのなかま

ハチのなかまは、2対4枚の、うすいまくのようなはねをもっています。また、メスが毒針をもっている種類がいます。一部の種では、女王バチ、働きバチ、オスバチが、ひとつの巣の中で役割を分担しながら集団生活をします。

▼カナブンのなかまをしとめ、肉だんごをつくるオオスズメバチ。

狩りをするハチ

ハチのなかまには、幼虫のえさにするために、ほかの昆虫などをおそう種類もいます。スズメバチやアシナガバチのなかまは、つかまえた獲物を、かみくだいて肉だんごにしてから、幼虫にあたえます。

どうもうなスズメバチ

スズメバチのなかまは、肉だんごをつくるときに、獲物の体をかみくだくため、発達した大あごをもっています。また、メスはとても強い毒をもち、巣に近づく外敵を毒針でさすことがあります。ミツバチと同じように集団で生活するのも特ちょうです。

▼敵を威嚇するオオスズメバチ。

▲キイロスズメバチの巣。

毒針で獲物を狩る

ドロバチのなかまのように、毒針を使ってほかの昆虫の幼虫などを狩るハチもいます。とらえた獲物は毒でまひさせてから、生きたまま巣まで運んでいきます。こうすれば、幼虫が新鮮なえさを食べることができるからです。

▲まひさせた獲物を巣に運ぶオオフタオビドロバチ。

▲巣の上のほうに、産みつけられたハチの卵がある。

▲幼虫は、生きたえさを食べて成長。

▲やがて、さなぎになる。

寄生して育つハチ

ほかの昆虫や幼虫などの体の中に直接卵を産みつけ、寄生することで成長するハチのなかまもいます。幼虫は寄生した虫の体を中から食べて成長し、やがてその体をつきやぶって出てきます。

▲寄生した虫の体から出てきたハチの幼虫が、まゆをつくる。

▲モンシロチョウの幼虫に卵を産みつけるアオムシコマユバチ。

ハチのなかま

花粉やみつを運ぶための体

ミツバチの後ろあしには、毛がたくさん集まったブラシのような部分があります。このブラシに花粉がつくと、後ろあしに花粉だんごができます。また、口はみつを吸うのに適したつくりになっていて、みつは体の中にある専用の胃にためます。

▶サクラの花にやってきたニホンミツバチ。

◀アブラナのみつや花粉だんごを集めるセイヨウミツバチ。後ろあしに花粉だんごができている。

花粉やみつを巣にもって帰る

集めた花粉やみつは、巣にもって帰ります。巣にもどってきたミツバチはダンスのような動きで、花の場所をほかの働きバチに教えます。花粉は六角形の部屋がならぶ巣の中にためておきます。

▲しりをふりながら円をえがくようにダンスをする。

▲巣の中にためられた花粉。

女王バチと働きバチ

集団で生活するハチの場合、ひとつの巣には、1匹の女王バチと数万匹の働きバチがいます。働きバチはすべてメスで、オスバチは巣の中にわずか数百匹ほどしかいません。働きバチは、花粉やみつを集める以外にも、幼虫の世話、巣の門番など、いろいろな仕事があります。

▼女王バチのまわりに集まる働きバチ。

卵を産むのは女王バチの仕事

巣の中で、卵を産むことができるのは女王バチだけです。オスとの交尾を終えた女王バチは、巣の部屋の中にひとつずつ卵を産みつけていきます。1日に産む卵の数は、1000個以上にもなります。

▲腹の先を部屋におしこむようにして産卵する。

▲部屋に産みつけられた卵。

▲生まれたばかりの幼虫は、働きバチが体内でつくったローヤルゼリーという物質があたえられる。その後は女王バチとなる幼虫だけが、このローヤルゼリーをあたえられる。

117

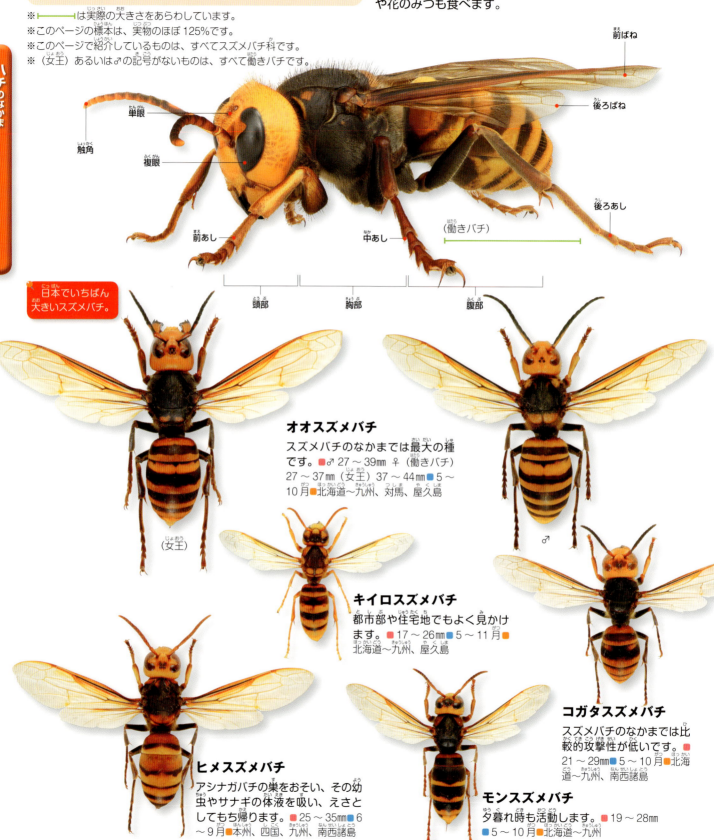

チャイロスズメバチ
ほかのスズメバチの巣に侵入し、女王を殺して巣をのっとります。■17〜29mm■6〜10月■北海道・本州

ツマグロスズメバチ
地表近くに巣をつくることが多いです。■18〜28mm■4〜11月■南西諸島

キオビホオナガスズメバチ
家屋の軒下に巣をつくることが多いです。■14〜22mm■5〜9月■北海道、本州

クロスズメバチ
長野県や岐阜県では幼虫やさなぎを食用とする習慣があります。■10〜15mm■4〜11月■北海道〜九州、屋久島、種子島

ムモンホソアシナガバチ
葉の裏などに丸みをおびた長方形の巣をつくります。■14〜20mm■4〜9月■本州、四国、九州、屋久島

フタモンアシナガバチ
もっともよく見られるアシナガバチで、人家の軒下や低木の幹などに、水平に広がった巣をつくります。■14〜18mm■4〜10月■北海道〜南西諸島

キアシナガバチ
アシナガバチの中ではより攻撃的で、さまざまな場所に巣をつくります。■18〜24mm■4〜11月■北海道〜南西諸島

セグロアシナガバチ
市街地でもふつうに見られます。幼虫の食べものはチョウやガの幼虫です。■18〜26mm■4〜10月■本州、四国、九州、南西諸島

ヤマトアシナガバチ
家屋の軒下、草木の枝などに巣をつくります。アリが巣に入らないよう、巣の柄の部分にアリのいやがる赤褐色の物質をぬります。■15〜18mm■本州、四国、九州、南西諸島

コアシナガバチ
山地に多く、巣は反りかえった形のものが多いです。■11〜17mm■4〜10月■北海道〜九州

キボシアシナガバチ
樹木の葉の裏などに巣をつくります。繭のふたはあざやかな黄色をしています。■13〜16mm■5〜9月■北海道〜九州、屋久島

コラム アシナガバチは和紙職人？

アシナガバチのなかまは、かれた木の表面などから繊維をかじりとって、巣の材料にします。このとき、繊維を口の中でよくかみ、だ液と混ぜあわせることでドロドロにするのですが、これはいってみれば和紙の材料と同じ。アシナガバチの巣は、和紙でできているようなものなのです。

マメ知識 ハチの毒針は、産卵管という卵を産むための器官が変化したものです。そのため、オスには毒針はなく、さすのはメスだけです。

クモバチ、ツチバチ、ドロバチのなかま

クモバチとドロバチのなかまは、狩りをするハチで、単独で生活します。毒針でまひさせた獲物を巣の中に運んで幼虫の食べものにします。ツチバチのなかまはコガネムシやクワガタムシの幼虫に卵を産み、幼虫はそれらを外部から食べていきます。

※このページの標本は、ほぼ実物大です。

ベッコウクモバチ
ハシリグモなどを狩ります。■クモバチ科 ■15～27mm ■6～8月 ■本州、四国、九州、南西諸島

オオモンクロクモバチ
ベッコウクモバチと同じようにハシリグモなどを狩ります。■クモバチ科 ■12～25mm ■6～9月 ■北海道～九州

ムラサキオオクモバチ
クモバチのなかで最大となる種。■クモバチ科 ■14～33mm ■6～11月 ■宮古列島、八重山列島

キオビクモバチ
コガネグモなどを狩ります。■クモバチ科 ♂16～18mm ♀23～28mm ■6～9月 ■本州、四国、九州、南西諸島

オオシロフクモバチ
ハシリグモなどを狩ります。■クモバチ科 ■10～17mm ■5～10月 ■北海道～南西諸島

キオビツチバチ
すばやく飛びます。攻撃性はありません。■ツチバチ科 ■11～25mm ■6～10月 ■北海道～九州、種子島、屋久島

ツマキツチバチ
コガネムシなどの幼虫に寄生します。■ツチバチ科 ■22～30mm ■5～11月 ■八重山列島

オオモンツチバチ
幼虫はコガネムシなどの幼虫を食べます。■ツチバチ科 ■13～31mm ■6～9月 ■北海道～九州、屋久島、種子島

コモンツチバチ
ヒメコガネなどの幼虫に寄生します。■ツチバチ科 ■15～24mm ■7～9月 ■北海道～九州、屋久島、種子島

シロオビハラナガツチバチ
幼虫はコガネムシなどの幼虫を食べます。■ツチバチ科 ■19～33mm ■4～9月 ■本州、四国、九州、奄美諸島

エントツドロバチ
泥で巣の入り口に煙突状の通路をつくります。ハマキガなどの幼虫を狩ります。■ドロバチ科 ■18mm前後 ■6～9月 ■本州、四国、九州

ナミカバフドロバチ
ヨシや竹筒に巣をつくり、小さなガの幼虫を狩ります。■ドロバチ科 ■12～16mm ■6～9月 ■本州、四国、九州、種子島

ミカドトックリバチ
泥でつぼ状の巣をつくります。シャクガなどの幼虫を狩ります。■ドロバチ科 ■10～15mm ■5～9月 ■北海道～九州

スズバチ
日本でもっとも大型のトックリバチです。■ドロバチ科 ■20～30mm ■7～9月 ■本州、四国、九州

ハラナガスズバチ
シャクガやヤガの幼虫を狩ります。■ドロバチ科 ■20～27mm ■4～12月 ■南西諸島

フタスジスズバチ
ハマキガやメイガなどの幼虫を狩ります。■ドロバチ科 ■15～19mm ■5～10月 ■北海道～九州、奄美大島

■科 ■体長 ■成虫が見られるおもな時期 ■分布

アナバチ、ギングチバチのなかま

アナバチやギングチバチのなかまは、単独で生活し、虫を狩り、幼虫に食べさせます。竹筒やくち木などを巣として利用するものや、地面に深いあなをほって巣をつくる種類もいます。

※ ├──┤ は実際の大きさをあらわしています。
※ 大きさマークのないものは、ほぼ実物大です。

サトセナガアナバチ
家の中にすむゴキブリなどを狩ります。■セナガアナバチ科 ■10〜18mm ■7〜8月 ■本州、四国、九州、屋久島

クロアナバチ
地中に巣をつくり、ツユムシ、クビキリギリスなどを狩ります。■アナバチ科 ■23〜33mm ■7〜9月 ■本州、四国、九州、南西諸島

キンモウアナバチ
地中に巣をつくり、ツユムシなどを狩ります。■アナバチ科 ■23〜34mm ■7〜9月 ■本州、四国、九州、南西諸島

アルマンアナバチ
竹筒などにコケをつめて巣をつくり、ササキリやクツワムシなどを狩ります。■アナバチ科 ■17〜25mm ■7〜9月 ■本州、四国、九州

ヤマトルリジガバチ
竹筒などに巣をつくり、クモの幼体を狩ります。■アナバチ科 ■15〜20mm ■6〜8月 ■本州、四国、九州、南西諸島

サトジガバチ
地中に巣をつくり、チョウやガの幼虫を狩ります。■アナバチ科 ■19〜23mm ■初夏〜晩秋 ■北海道〜九州、屋久島、種子島

キゴシジガバチ
オニグモやハナグモなどを狩ります。柱や壁に、泥でたこつぼ型の巣をつくります。■アナバチ科 ■20〜28mm ■5〜9月 ■本州、四国、九州、南西諸島

【絶滅危惧種】
ニッポンハナダカバチ
砂地に巣をつくり、アブ、ハエなどを狩ります。■ギングチバチ科 ■20〜23mm ■6〜9月 ■北海道〜九州、屋久島

イワタギングチ
くち木に巣をつくり、ミズアブ、イエバエ、ハナアブなどを狩ります。■ギングチバチ科 ■8〜11mm ■5〜9月 ■北海道〜南西諸島

ナミジガバチモドキ
竹筒などに巣をつくり、ハエトリグモなどを狩ります。■ギングチバチ科 ■12〜17mm前後 ■5〜10月 ■本州、四国、九州、南西諸島

オオハヤバチ
地中に巣をつくります。■ギングチバチ科 ■15〜26mm ■6〜8月 ■本州、四国、九州、南西諸島

ハエトリバチ
ニクバエ、クロバエ、キンバエなどを狩ります。■ギングチバチ科 ■10〜13mm ■7〜10月 ■北海道〜九州

ミスジアワフキバチ
アワフキムシの成虫を狩ります。■ギングチバチ科 ■10〜14mm ■6〜8月 ■北海道、本州、四国

キアシハナダカバチモドキ
地中に巣をつくり、バッタ、ササキリなどを狩ります。■ギングチバチ科 ■17〜23mm前後 ■7〜8月 ■北海道〜九州

ナミツチスガリ
地中に巣をつくり、ハナバチなどを狩ります。■ギングチバチ科 ■7〜15mm ■6〜8月 ■北海道〜九州

マルモンツチスガリ
地中に巣をつくり、ヒメハナバチやハナバチなどを狩ります。■ギングチバチ科 ■8〜12mm ■7〜9月 ■本州、四国、九州、屋久島

マメ知識 トックリバチは、泥を使ってつくる巣の形が、酒を入れる「とっくり」に似ているところから、この名前がつきました。

寄生バチなどのなかま

寄生バチのなかまは、ほかの昆虫の幼虫などに卵を産みつけます。また、セイボウやアリバチはアナバチやドロバチの巣に寄生します。
※ ├──┤は実際の大きさをあらわしています。
※ 大きさマークのないものは、ほぼ実物大です。

アゲハヒメバチ
アゲハチョウなどの幼虫に寄生します。■ヒメバチ科 ■13～17mm ■5～9月 ■北海道～九州

オオホシオナガバチ
ニホンキバチの幼虫に寄生します。■ヒメバチ科 ■15～40mm ■5～9月 ■北海道～九州

シリアゲコバチ
ハキリバチなどの幼虫に寄生します。■シリアゲコバチ科 ■9～15mm ■5～9月 ■本州、四国、九州

キアシブトコバチ
チョウやガのさなぎに寄生します。■アシブトコバチ科 ■5～7mm ■北海道～南西諸島

ウマノオバチ（絶滅危惧種）
メスは長い産卵管をもち、木の中にいるシロスジカミキリの幼虫に卵を産みつけます。■コマユバチ科 ■15～24mm ■5～6月 ■本州、四国、九州

ルイスヒトホシアリバチ
ツチスガリなどの巣に寄生します。■アリバチ科 ♂5～12mm ♀4～9mm ■北海道～九州、種子島

キシモアリガタバチ（2006年新種）
はねが短く退化しています。地面を歩きます。■アリガタバチ科 ■5mm ■5～11月 ■本州

ツマアカセイボウ
シブヤスジドロバチの巣に寄生します。■セイボウ科 ■6～12mm ■5～9月 ■北海道～九州

オオセイボウ
色彩、体長に変異があります。スズバチやトックリバチなどの巣に寄生します。■セイボウ科 ■7～20mm ■6～10月 ■本州、四国、九州、南西諸島

ハバチ、キバチのなかま

ハバチやキバチのなかまは、幼虫が植物の葉や茎、木材などを食べます。毒針をもたず、腹部のくびれがないのが特ちょうです。

ホシアシブトハバチ
幼虫はエノキの葉を食べます。■コンボウハバチ科 ■16～18mm ■4～5月 ■本州、四国、九州

オオルリコンボウハバチ
幼虫はタニウツギの葉を食べます。■コンボウハバチ科 ■17～19mm ■6～8月 ■本州

ウスモンヒラタハバチ
■ヒラタハバチ科 ■12mm前後 ■4～8月 ■本州、四国、九州

ルリチュウレンジ
幼虫はツツジの葉を食べます。■ミフシハバチ科 ■8～10mm ■4～10月 ■北海道～南西諸島

オオツマグロハバチ
幼虫はセリやミツバを食べます。■ハバチ科 ■15mm ■4～6月 ■本州、四国、九州

ニホンキバチ
幼虫はスギなどの針葉樹の幹を食べ、害虫として知られます。■キバチ科 ■25～38mm ■7～10月 ■北海道～九州

ヒゲジロキバチ
幼虫はマツ、エゾマツなどの幹を食べます。■キバチ科 ■20～32mm ■6～8月 ■北海道～九州、対馬

ヒラアシキバチ
幼虫はエノキ、ケヤキ、ニレの幹を食べます。■キバチ科 ■24～31mm ■9～10月 ■本州、四国、九州

■科 ■体長 ■成虫が見られるおもな時期 ■分布

ミツバチ、ハナバチのなかま

ミツバチやハナバチのなかまは、花に集まって花粉やみつを集めます。体に花粉をつけて花から花へと移動することで、植物の受粉の役に立ちます。

※⊢—⊣は実際の大きさをあらわしています。※大きさマークのないものは、実物のほぼ120%です。
※このページで紹介しているものは、すべてミツバチ科です。
※（女王）あるいは♂の記号がないものは、すべて働きバチです。

シロヤヨイヒメハナバチ
ハコベやアブラナなどの花に集まります。■9mm■4〜5月■北海道〜九州

オオハキリバチ
日本最大級のハキリバチで、竹筒などに巣をつくります。■17〜25mm■7〜10月■北海道〜九州

バラハキリバチ
バラなどの葉を丸く切りとって、巣の材料にします。■12〜14mm■4〜10月■北海道〜九州

ハラアカヤドリハキリバチ
オオハキリバチの巣に寄生します。■10〜17mm■7〜8月■北海道〜九州

オスがメスより体が大きい。

トモンハナバチ
竹筒や柱のあなどに、ヨモギなどの植物の綿毛を集めて巣をつくります。■14〜17mm■7〜9月■本州

ヤマトツヤハナバチ
カヤの茎の中に巣をつくります。■9mm■4〜10月■北海道〜九州

ダイミョウキマダラハナバチ
ヒゲナガハナバチなどに寄生します。日本ではオスは見つかっていません。♀13mm前後■4〜5月■北海道〜南西諸島

ニッポンヒゲナガハナバチ
オスは触角が長いです。レンゲなどの花に集まります。■♂12mm前後 ♀14mm前後■4〜5月■本州、四国、九州

ナミルリモンハナバチ
スジボソフトハナバチに寄生します。■10〜14mm■8〜9月■本州、四国、九州、屋久島

クロマルハナバチ
地中に巣をつくり、リンゴやツツジなどに集まります。■♂20mm前後 ♀（女王）19〜23mm（働きバチ）12〜19mm■4〜9月■本州、四国、九州

コマルハナバチ
住宅地周辺にも見られます。サクラやツツジなどに集まります。■♂16mm前後 ♀（女王）15〜21mm（働きバチ）10〜16mm■3〜7月■北海道〜九州、屋久島

キムネクマバチ
かれ枝などにあなをあけて巣をつくります。■23mm前後■4〜10月■北海道〜九州、屋久島

ニホンミツバチ
集団生活をします。■♂15〜16mm ♀（女王）17〜19mm（働きバチ）12〜13mm■3〜10月■北海道〜九州、南西諸島

セイヨウミツバチ 外来種
集団生活をします。はちみつをとるために飼育されています。■13〜20mm■3〜10月■北海道〜南西諸島

コラム ミツバチ VS スズメバチ

ミツバチの巣は、スズメバチに襲われることがあります。体の大きいスズメバチにミツバチはかんたんに負けてしまうと思うかもしれませんが、そんなことはありません。ニホンミツバチは、スズメバチを集団でかこんで温度を上げ、蒸し殺してしまうことがあるのです。スズメバチにくらべて、より高い温度にたえられるからこその必殺技です。

マメ知識 ミツバチの毒針にはさかさまに生えたとげがあり、一度さすとなかなかぬけません。ぬこうとすると針ごと体がちぎれてしまいます。

アリのなかま

アリはハチのなかまで、ミツバチなどと同じように女王アリを中心に、たくさんの働きアリ（メス）、オスアリで集団生活を送っています。日本では北海道から南西諸島まで280種ほどがすんでいます。

▲女王アリが産んだ卵やさなぎの世話をするクロオオアリの働きアリ。

役割が決まっているアリの社会

アリにはそれぞれの役割があります。女王アリは卵を産み、働きアリはえさをさがしたり、巣を広げたり、幼虫の世話をしたりします。クロオオアリの食べものは昆虫の死がいや、アブラムシや植物が出すみつです。巣の中は、女王の部屋、幼虫・さなぎの部屋、食料部屋などに分かれています。

▼トンボの死がいを分解して巣まで運ぶクロオオアリの働きアリ。

▼女王アリの世話をするクロオオアリの働きアリ。

結婚飛行に飛び立つ

クロオオアリは5〜6月になると、はねのある新女王アリとオスアリが、交尾のため巣から飛び立ち結婚飛行に出ます。空中でオスアリと交尾をした女王アリは、地面に降りると、はねを落とし、1匹だけで地面にあなをほり、巣づくりをはじめます。小さな部屋をつくると、女王アリは卵を産みます。

▲地面から草にのぼり、飛び立とうとするクロオオアリの女王。

クロオオアリの子育ては女王アリ1匹から

幼虫が生まれると女王アリは、栄養をあたえるなどして世話をします。やがて幼虫はさなぎとなり羽化し、最初の働きアリが誕生します。働きアリの数がふえてくると、卵や幼虫の世話は働きアリにまかせ、卵を産むことに専念します。

▲幼虫の世話をするクロオオアリの女王。口から幼虫に栄養をあたえる。

アブラムシからみつをもらう

アリは一般にアブラムシと強いかかわりをもってくらしています。アリはアブラムシが出すあまい液体（みつ）をえさとしてもらい、かわりにアブラムシに近づくほかの昆虫を追いはらいます。また、カラスノエンドウやイタドリなどの植物は、新芽の近くにみつを出し、そこにアリを集めます。そうすることによって、新芽を食べる昆虫から身を守っています。

▲アブラムシを食べにきたテントウムシを追いはらうクロオオアリ。

▲アブラムシのしりから出るみつをもらうクロオオアリ。触角でアブラムシの体にふれると、みつを出す。

▼7〜8月ごろクロヤマアリの巣をおそい、まゆの中に入っているさなぎをさらうサムライアリ。成虫になったクロヤマアリは、サムライアリのために働かされる。これを「どれい狩り」とよぶ。

アリの敵はアリ

アリは触角をふれあわせ、おたがいがなかまであることを確認します。体の表面にある化学物質で見分けていると考えられています。しかし、同じ種類であっても、巣がちがうと敵とみなし、たたかうことがあります。また、種類によっては、ほかの種類のアリをおそうものもいます。

▲大あごでかみついたり、しりの先から蟻酸という液を出したりしてたたかうクロオオアリ。

アリのなかま

アリは地中のあなの中でくらしている種が多く、大きく体をよじったりして動かすことができるように、胸部と腹部のあいだに腹柄節という連結器のようなものがあります。

※ ┠──┨ は実際の大きさをあらわしています。
※ 大きさマークのないものは、実物のほぼ220%です。
※ このページで紹介しているものは、すべてアリ科です。
※（女王アリ）（兵アリ）などの表示がないものは、すべて働きアリです。

クロオオアリ
開けた場所の地中に巣をつくります。■働きアリ7～12mm ■4～11月
■北海道～九州、屋久島、トカラ列島中之島

（女王アリ）　（オスアリ）

腹部　腹柄節　胸部　頭部　触角（物、味やにおいを見分ける。）
複眼
大あご じょうぶで、体のわりに大きい。
中あし　後ろあし　前あし
（働きアリ）

（兵アリ）働きアリのなかで、大型のもので、巣を守ったり、外敵を追いはらったりする。

▲タンポポの種を運ぶクロナガアリ。種には多くの栄養分がふくまれている。

クロヤマアリ
草地の地中に巣をつくり、深さは1～2mほどです。■4～6mm ■3～11月 ■北海道～九州、屋久島

トビイロケアリ
アブラムシに集まります。くち木や土の中に巣をつくります。■3～4mm ■北海道～九州、屋久島、トカラ列島

トビイロシワアリ
草地の石の下などに巣をつくります。■2.5～4mm ■北海道～九州、屋久島

クロナガアリ
植物の種を集めて、巣の食物庫にたくわえます。■4～5mm ■10～12月、4～5月 ■本州、四国、九州、屋久島

クロクサアリ
アメイロケアリの巣に一時的に寄生します。サンショウの実に似た強いにおいを出します。■4～5mm ■北海道～九州

サムライアリ
クロヤマアリなどの働きアリをどれいにします。■4～7mm ■7～8月 ■北海道～九州

ミカドオオアリ
林で見られ、くち木などに巣をつくります。おもに夜行性です。■8～11mm ■北海道～九州、屋久島

アカヤマアリ
クロヤマアリなどの巣をおそい、その働きアリをどれいにします。■6～7mm ■5～10月 ■北海道、本州

ムネアカオオアリ
林で見られ、木のくさった部分に巣をつくります。■7～12mm ■5～10月 ■北海道～九州、屋久島

アズマオオズアリ
林の石の下やくち木の中に巣をつくります。(働きアリ)2.5mm（女王アリ）7mm ■5～11月 ■北海道～九州、屋久島
（女王）

ウロコアリ
林で見られ、トビムシなどを食べものとします。■2～2.5mm ■本州、四国、九州、南西諸島

トゲアリ
木の根もとのうろに巣をつくります。ほかのアリの巣をのっとります。■6～8mm ■4～11月 ■本州、四国、九州、屋久島

女王はなく、働きアリが卵を産む。

アミメアリ
石や倒木の下に一時的な巣をつくり、よく移動します。■3～3.5mm ■4～11月 ■北海道～九州、南西諸島

■体長　■成虫が見られるおもな時期　■分布

世界のアリのなかま

世界には、名前がついているものだけでも約1万1500種のアリがいます。とくに熱帯地域には種類も多く、変わった生態をもつものがいます。

世界最大のアリ。

ギガスオオアリ
世界最大のアリで、体長は30mm前後。東南アジアにすんでいます。

ハキリアリ
切り取った葉を巣に運び、その葉を利用してキノコを栽培し、それを食べものとしています。中央アメリカや南アメリカを中心にすんでいます。

ツムギアリ
幼虫がはき出す糸で、いくつもの葉をつむぎ、樹上に巣をつくります。東南アジア、オーストラリア北東部にすみます。

ミツツボアリ
働きアリが集めたたくさんのみつを腹部にためておき、「生きた貯蔵庫」として巣の天井にぶら下がっています。メキシコ北部、オーストラリアなどの乾燥地帯にすみます。

グンタイアリ
中央アメリカから南アメリカの熱帯雨林で決まった巣をもたずに、巨大な集団をつくって移動生活をします。数百万匹をこえるアリが、軍隊のように規律のとれた行動をします。

シロアリはアリではない！

シロアリは白いアリのように見えますが、じつはゴキブリにちかいなかまです。女王、王、働きアリ、兵アリなどの役割に分かれ、集団で社会生活をしています。世界で約2200種が知られていますが、木造家屋を食い荒らす害虫は一部で、大部分は森林や草原でくらしており、くち木などを分解する重要な役割をはたしています。

●シロアリの階級（ヤマトシロアリ）

女王
働きアリの世話をうけながら、卵を産みつづけます。

羽アリ
4～5月ごろ、蒸し暑い日の午前中にいっせいに飛び立ちます。その後すぐにはねを落とし、ペアとなった、新女王と新王は新たな巣をつくりはじめます。

●シロアリの食べもの

自然界での食べものは、かれた木や草、有機物が豊富な土、草食動物のふんなどです。変わったところではキノコを育てて食べる種類や、コケや地衣類を食べる種類などがいます。

働きアリと兵アリ
働きアリは食べものをとって、口うつしで女王や兵アリ、幼虫にあたえます。兵アリは頭と大あごが大きく、巣を敵から守ります。
- 兵アリ
- 幼虫
- 働きアリ

▲地衣類を運ぶコウグンシロアリ。黒いシロアリで、働きアリは地衣類をだんご状にして、長い列をつくって運んでいきます。東南アジアにすんでいます。

●兵アリのいろいろ

兵アリは敵から巣を守るため、さまざまな頭の形と防衛法をもっています。

タカサゴシロアリ（噴射型）
とがった頭の先端から粘液を噴射します。八重山列島にすんでいます。

●シロアリの巣

巣の形や大きさは種類によってさまざまで、外国には人間の背たけをこえる、巨大な塚をつくるシロアリもいます。八重山列島の森にすむタカサゴシロアリは、木の上に球状の巣をつくり、そこからえさ場へと出かけていきます。

▶タカサゴシロアリの巣。

イエシロアリ（かみつき型）
頭から白い粘液を出し、大あごでかみつきます。本州～南西諸島にすんでいます。

ニトベシロアリ（はじき飛ばし型）
大きくねじれた大あごをはじいて、敵をはじき飛ばします。八重山列島にすんでいます。

ハエ、アブ、カのなかま

ハエのなかま（ハエ目）には、ハエ、アブ、カ、ガガンボ、ブユなどがふくまれます。後ろばねは退化しており、はねは2枚しかありません。幼虫は陸にすむものと水中にすむものがおり、完全変態します。

ハエのなかま

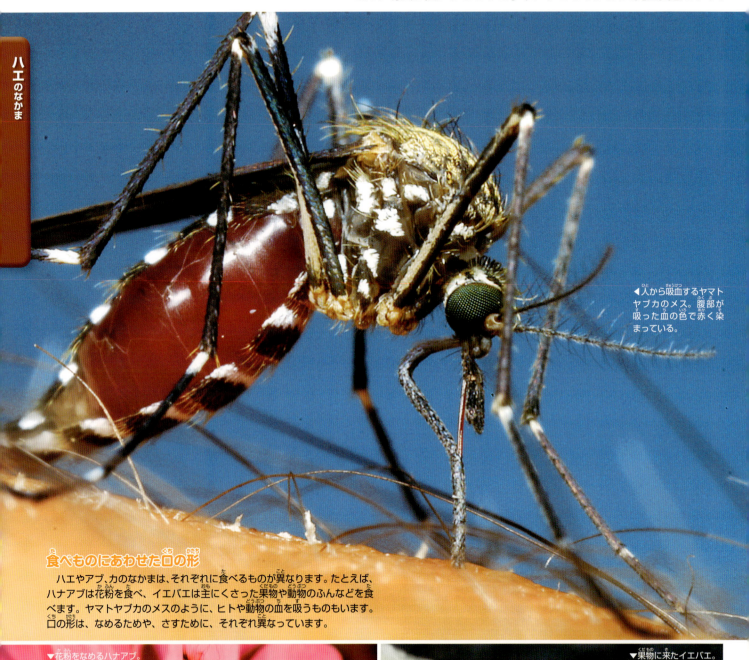

◀人から吸血するヤマトヤブカのメス。腹部が吸った血の色で赤く染まっている。

食べものにあわせた口の形

ハエやアブ、カのなかまは、それぞれに食べるものが異なります。たとえば、ハナアブは花粉を食べ、イエバエは主にくさった果物や動物のふんなどを食べます。ヤマトヤブカのメスのように、ヒトや動物の血を吸うものもいます。口の形は、なめるためや、さすために、それぞれ異なっています。

▼花粉をなめるハナアブ。

▼果物に来たイエバエ。

▲ヤマトヤブカの幼虫。

▲ヤマトヤブカのさなぎ。

カの幼虫「ボウフラ」は、水中で育つ

カのなかまの幼虫は、「ボウフラ」とよばれ、水たまりなどで育ちます。腹部の先端にある呼吸管を水面から出して呼吸をし、水中の微生物などを食べます。さなぎは「オニボウフラ」とよばれ、泳ぐことができます。

目にむかって飛んでくる嫌われもの「メマトイ」

ヒトや動物の目にむかって飛んでくる小型のハエのことを、「メマトイ」とよびます。目にむかってくるのは、涙にふくまれる水分を摂取するためだともいわれていますが、はっきりしたことはわかっていません。

▲人の目にとまった、メマトイの一種。

ハエ、アブ、カなどのなかま

ハエやアブのなかまは、複眼が大きく、触角は短くなっています。前ばねが大きく発達し、後ろばねは退化して「平均こん」とよばれる、バランスをとるための器官になっています。カやガガンボのなかまは細長い体が特ちょうで、やはり後ろばねは退化しています。

※ ┣━┫ は実際の大きさをあらわしています。
※ 大きさマークのないものは、ほぼ実物大です。

ヤマトアブ
メスは人や家畜の血を吸いますが、雑木林の樹液に集まることもあります。幼虫は林のしめりけが少ない腐葉土の中にすんでいます。■アブ科 ■20mm前後 ■7〜9月 ■北海道〜九州

ミズアブ
顔が大きく、体は黒色をしています。幼虫は池や沼、湖にすみます。■ミズアブ科 ■14〜16mm ■6〜10月 ■本州、四国、九州、南西諸島

クロシギアブ
平地では春先に木の幹などにとまっているのが見られます。■シギアブ科 ■8〜11mm ■4〜7月 ■本州

アカウシアブ
山地で見られ、メスはシカや家畜、人などの血を吸います。■アブ科 ■25〜33mm ■6〜9月 ■北海道〜九州、南西諸島

ハナアブ
成虫は花に集まります。幼虫は下水などにすみ、尾のような長い呼吸管があるため「オナガウジ」とよばれます。■ハナアブ科 ■14〜16mm ■3〜12月 ■北海道〜南西諸島

アシブトハナアブ
成虫は花に集まります。■ハナアブ科 ■12〜14mm ■3〜11月 ■北海道〜九州

アオメアブ
平地の日なたで見られます。小さな昆虫をとらえて食べます。■ムシヒキアブ科 ■20〜29mm ■6〜9月 ■本州、四国、九州、南西諸島

アシナガムシヒキ
平地や低い山地の林で見られ、成虫、幼虫ともに小さな昆虫を食べます。■ムシヒキアブ科 ■21〜27mm ■5〜8月 ■本州、四国、九州、南西諸島

ビロードツリアブ
口が長く、飛びながら花のみつを吸います。幼虫はヒメハナバチ類に寄生します。■ツリアブ科 ■8〜12mm ■3〜6月 ■北海道〜九州

シナヒラタハナバエ
いろいろな花に集まります。スコットカメムシなどに寄生します。■ヤドリバエ科 ■8〜12mm ■7〜10月 ■北海道、本州、四国

ヒメフンバエ
成虫は小さな昆虫をとらえて食べます。幼虫は堆肥などで育ちます。■フンバエ科 ■10mm前後 ■3〜12月 ■北海道〜南西諸島

キジマクサアブ
■クサアブ科 ■14mm前後 ■夏 ■本州、四国

オオクロバエ
冬は日だまりでよく見られます。幼虫は動物の死がいやふんなどで育ちます。■クロバエ科 ■10〜12mm ■ほぼ一年中 ■北海道〜南西諸島

ミドリキンバエ
幼虫は動物の死がいやふん、ごみためなどで育ちます。■クロバエ科 ■6〜10mm ■5〜10月 ■北海道〜南西諸島

イエバエ
人家や家畜小屋などで見られます。幼虫はごみためや家畜のふんなどで育ちます。■イエバエ科■6〜8mm■一年中■北海道〜南西諸島

センチニクバエ
メスは卵ではなく直接幼虫を産みます。幼虫は動物の死がいやふん、ごみためなどで育ちます。■ニクバエ科■9〜11mm■5〜9月■北海道〜南西諸島

ベッコウバエ
水辺の雑木林で見られ、樹液に集まります。幼虫は動物のふんで育ちます。■ベッコウバエ科■10〜19mm■4〜11月■本州、四国、九州、南西諸島

メスアカケバエ
オスは群れて飛びます。幼虫は落ち葉を食べます。■ケバエ科■10〜11mm■3〜6月■北海道〜南西諸島

セスジハリバエ
幼虫はチョウやガなどの幼虫に寄生します。■ヤドリバエ科■12〜16mm■4〜10月■北海道〜九州

ヒメシュモクバエ
目玉が飛び出した、奇妙な形のハエです。■シュモクバエ科■5mm前後■4〜7月■石垣島、西表島

オオチョウバエ
風呂場やトイレで見られ、風呂の下にたまった汚水などで育ちます。■チョウバエ科■4mm前後■本州、四国、九州

キバラガガンボ
山地で見られます。■ガガンボ科■30〜40mm■本州、四国、九州

アカムシユスリカ
人家の照明などに群れで集まります。幼虫は池や沼の泥の中などにすみ、「アカムシ」とよばれ、つりのえさになります。■ユスリカ科■6mm前後■10〜11月■北海道〜南西諸島

キイロショウジョウバエ
成虫はくさった果実や野菜に集まり、幼虫もそこで育ちます。■ショウジョウバエ科■2mm前後■一年中■北海道〜南西諸島

ミナミカマバエ
田んぼや小川などの水辺で見られます。カマキリのような前あしで小さな昆虫をとらえます。■ミギワバエ科■3〜4mm■本州（中部地方以西）、四国、九州、南西諸島

セアカクロキノコバエ
■クロキノコバエ科■6mm前後■5月ごろ■北海道、本州、四国

ヒトスジシマカ
メスは昼間、活発に血を吸います。幼虫は小さな水たまりでも育ちます。■カ科■5mm前後■5〜11月■本州、四国、九州、南西諸島

アカイエカ
人家でふつうに見られ、メスは鳥や人の血を吸います。■カ科■5mm前後■3〜11月■北海道〜九州、南西諸島

アシマダラブユ
メスはヒトや家畜の血をすい、幼虫は山地の渓流にすんでいます。さされるとひどくはれあがります。■ブユ科■4mm前後■本州〜九州、南西諸島

ミカドガガンボ
日本最大のガガンボです。■ガガンボ科■30〜38mm■本州、四国、九州

ヤマトヤブカ
日の当たらない場所をこのみ、メスは血を吸います。幼虫はさまざまな水たまりで育ちます。■カ科■5mm■北海道〜南西諸島

マメ知識 ニクバエのなかまやイエバエ、クロバエのなかまの一部など、卵を産まずに直接幼虫を産むハエもいます。

アミメカゲロウ、ヘビトンボなどのなかま

アミメカゲロウのなかまは、大きなはねと細長い体が特ちょうです。前ばねと後ろばねは同じような形をしています。ヘビトンボのなかまの幼虫は水中にすみ、ウスバカゲロウやクサカゲロウのなかまの幼虫は陸にすみます。幼虫はさなぎになり、羽化してはねのある成虫になります。

アミメカゲロウ、ヘビトンボなどのなかま

◀アリをとらえたウスバカゲロウの幼虫。

ウスバカゲロウの幼虫は、「アリジゴク」

ウスバカゲロウのなかまの幼虫の一部は「アリジゴク」とよばれ、地面にすり鉢状の巣穴をほって、そのなかにすみます。アリなどの小さな虫があなに近づくと、まわりの砂がくずれて抜けだせなくなり、巣のそこで待ちかまえていたアリジゴクに食べられてしまうのです。

ひらひらと空を舞う成虫

羽化した成虫は、幼虫とはまったく似ていません。はねが大きく、ひらひらと舞うように飛びます。外見はトンボに似ていますが、トンボほどうまく飛ぶことはできません。

▲ひらひらと飛ぶウスバカゲロウ。

▼タイワンヒゲナガアブラムシをとらえたクサカゲロウの幼虫。

葉っぱに卵を産みつける
クサカゲロウ

　クサカゲロウのなかまは、葉の裏などに、細い糸のようなものがついた卵を産みつけます。クサカゲロウの卵は、インドの言い伝えで3000年に一度咲くといわれる想像上の花の名前をとって、「ウドンゲの花」とよばれます。

▲クサカゲロウの卵。

「カワムカデ」ともよばれる
ヘビトンボの幼虫

　ヘビトンボのなかまの幼虫は、水中にすみます。その姿から「カワムカデ」ともよばれており、するどいあごをもち、ほかの虫などをおそって食べます。また、さなぎもさわると動き、かみつくこともあります。

▼ヘビトンボの幼虫。

アミメカゲロウ、ヘビトンボなどのなかま

アミメカゲロウのなかまはトンボに似た姿をしていますが、とまるときははねをたたんで、背中の上にのせます。ツノトンボのなかまは触角が長く、ヘビトンボのなかまはするどい大あごをもちます。ラクダムシのなかまは、頭と胸が長く、特ちょう的な体つきをしています。

※このページの標本は、ほぼ実物大です。

ウスバカゲロウ
幼虫はアリジゴクとよばれ、砂地にすり鉢状の落としあなをつくり、その底でえさの昆虫が落ちてくるのを待っています。🟩ウスバカゲロウ科 🟥35〜50mm 🟦6〜9月 🟧北海道〜九州、沖縄島 🟥アリなどの小さな昆虫

キバネツノトンボ
昼間に草原の上を活発に飛びまわります。🟩ツノトンボ科 🟥20〜25mm 🟦5〜8月 🟧本州、九州 🟥ちいさな昆虫

アミメクサカゲロウ
成虫は昼間に弱々しく飛んでいます。夜に明かりにも飛んできます。🟩クサカゲロウ科 🟥20〜25mm 🟦5〜9月 🟧本州、四国、九州 🟥アブラムシ

スカシヒロバカゲロウ
山地の林の中にすんでいます。夜に明かりに飛んできます。🟩ヒロバカゲロウ科 🟥25〜30mm 🟦4〜9月 🟧北海道〜九州 🟥小さな昆虫

ツノトンボ
トンボのような姿をしていますが、長い触角が特ちょう的です。夜に明かりに飛んできます。🟩ツノトンボ科 🟥35〜40mm 🟦5〜9月 🟧本州、四国、九州 🟥ちいさな昆虫

ヒメカマキリモドキ
ふ化した幼虫は歩きまわってクモの腹にしがみつき、その後クモの卵のうに寄生してウジムシのような姿になります（過変態といいます）。成虫はカマキリのように前あしを使って昆虫をつかまえて食べます。🟩カマキリモドキ科 🟥7〜20mm 🟦6〜8月 🟧北海道〜九州 🟥クモの卵

ヤエヤマモンヘビトンボ
成虫は夜行性で明かりに飛んできます。オスの触角はくしのような形をしています。🟩ヘビトンボ科 🟥30〜50mm 🟦3〜10月 🟧石垣島、西表島 🟥水生昆虫の幼虫

ラクダムシ
海岸の松林などに生息しています。幼虫は木の皮の下にひそみ、小さな昆虫などをつかまえて食べます。🟩ラクダムシ科 🟥8〜10mm 🟦5〜8月 🟧本州、四国、九州 🟥シロアリなどの小さな昆虫

センブリ
幼虫は池や、川の流れのゆるやかな部分にすみ、成虫は昼間に草むらなどを飛んでいます。🟩センブリ科 🟥12〜15mm 🟦6〜7月 🟧北海道 🟥水生昆虫の幼虫

ヘビトンボ
川の流れにすむ幼虫は「カワムカデ」、「孫太郎虫」と呼ばれています。成虫は夜行性で明かりに飛んできます。🟩ヘビトンボ科 🟥45〜55mm 🟦6〜8月 🟧北海道〜九州 🟥水生昆虫の幼虫

🟩科 🟥前翅長 🟦成虫が見られるおもな時期 🟧分布 🟥幼虫の食べもの

トビケラのなかま

トビケラのなかまは、はねや全身に毛が生えています。幼虫は水の中にすみ、口から糸を出して砂や葉っぱなどを固めて巣をつくります。

エグリトビケラ
幼虫は水中の落ち葉を切りぬいたものをつづって移動可能な巣をつくり、池や沼の岸辺にすんでいます。成虫は夜に明かりに飛んできます。■エグリトビケラ科■20～25mm■4～8月■北海道～九州■水中の小動物

▲水の中につくられた、ヒゲナガカワトビケラの幼虫の巣。

ムラサキトビケラ
幼虫は落ち葉などでつくられた筒状の巣の中に入っており、川の流れがゆるやかなところにすんでいます。成虫は夜に明かりに飛んできます。■トビケラ科■30～40mm■5～10月■北海道～九州■水中の小動物

シリアゲムシのなかま

シリアゲムシのなかまは、足が長く、細長い体をしています。オスは、長い腹部の先をもちあげるようにしてとまります。

▶メス（下）にえさをプレゼントするガガンボモドキのなかまのオス（上）。

ガガンボモドキ
林の中にすんでいます。枝先などに前あしでぶら下がり、先がかまのようになった中あし、後ろあしで飛んでいる昆虫をつかまえて食べます。■ガガンボモドキ科■20～25mm■6～7月■本州（関東地方、中部地方）■昆虫類

ヤマトシリアゲ
低地から山地の林の縁などにすんでいます。体の大きさや色、はねの模様に変異が多くあります。■シリアゲムシ科■13～20mm■4～6月、7～10月■北海道（南部）～九州■昆虫類

ノミのなかま

ノミはひじょうに小さく、はねがありません。後ろあしが発達しており、高くジャンプすることができます。鳥やほ乳類の皮ふに長い口をつきさして血を吸います。

ネコノミ
イヌやネコのほか、人の血も吸います。■ヒトノミ科■体長2～3mm■一年中■北海道～南西諸島■イヌ、ネコ、ヒトなどの血液

ヒトノミ
人や、そのほかのほ乳類の血を吸います。■ヒトノミ科■体長2～3mm■一年中■北海道～南西諸島■ヒトなどの血液

> **コラム向け　昆虫に寄生する昆虫、ネジレバネ**
>
> ネジレバネのなかまは、ハチ、カマキリ、カメムシなど、ほかの昆虫に寄生して、その体内で生活します。オスとメスはまったくちがう体をしています。オスは、前ばねが退化しており、後ろばねはねじれたようになっています。メスにははねがなく、うじ虫のような姿をしています。この奇妙な昆虫は、ほかのどのグループにちかいなかまなのか、はっきりしたことはまだよくわかっていません。
>
>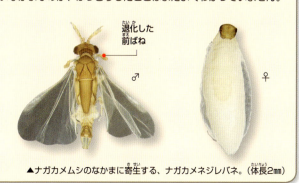
>
> ▲ナガカメムシのなかまに寄生する、ナガカメネジレバネ。（体長2mm）

マメ知識 長野県などでは、トビケラの幼虫など何種類かの水生昆虫の幼虫を「ざざむし」とよび、佃煮にして食用にします。

トンボのなかま

トンボのなかま(トンボ目)は、細長い体と長いはねをもち、頭部には非常に大きな複眼があります。幼虫はヤゴとよばれ、水中にすみます。さなぎにならず、脱皮をくり返して、はねのある成虫になります。日本には、約190種がいます。

▼マユタテアカネをかじるシオカラトンボ。

どうもうなハンター

トンボは、ほかの昆虫などをとらえて食べます。とげのついたあしでしっかりと獲物をつかみ、するどいあごで獲物をかじります。

高速で飛ぶ、飛行の達人

トンボは、4枚のはねを別々に動かすことができ、飛ぶのがとても得意です。速く飛ぶことができるだけでなく、空中でその場にとどまったり(ホバリング)、バックしたりすることができるものもいます。すぐれた飛行能力と大きな複眼による高い視力をいかして、飛びながらほかの虫をとらえます。

▲飛行するオニヤンマ。

▲交尾をするルリイトトンボ。

▼オニヤンマの産卵。

▼下唇をのばして小さな魚をつかまえるギンヤンマのヤゴ。

交尾はハートマーク

　トンボの生殖器がある場所はオスとメスでちがいます。オスの生殖器は腹部の付け根に、メスは腹部の先端にあります。交尾のときはオスが腹部の先端でメスの首をつかみ、生殖器どうしをくっつけるため、ハートマークのようになります。交尾を終えたメスは、水面や水辺の草の中などに産卵します。

水の中で育つ幼虫「ヤゴ」

　トンボの幼虫はヤゴとよばれ、水の中で育ちます。ヤゴにはえらとよばれる器官があって水中で呼吸することができ、小さな魚や虫などをとらえて食べます。成長したヤゴは木の枝や草などにのぼり、はねのある成虫になります。

▲羽化するギンヤンマ。

▲羽化したばかりのギンヤンマ。

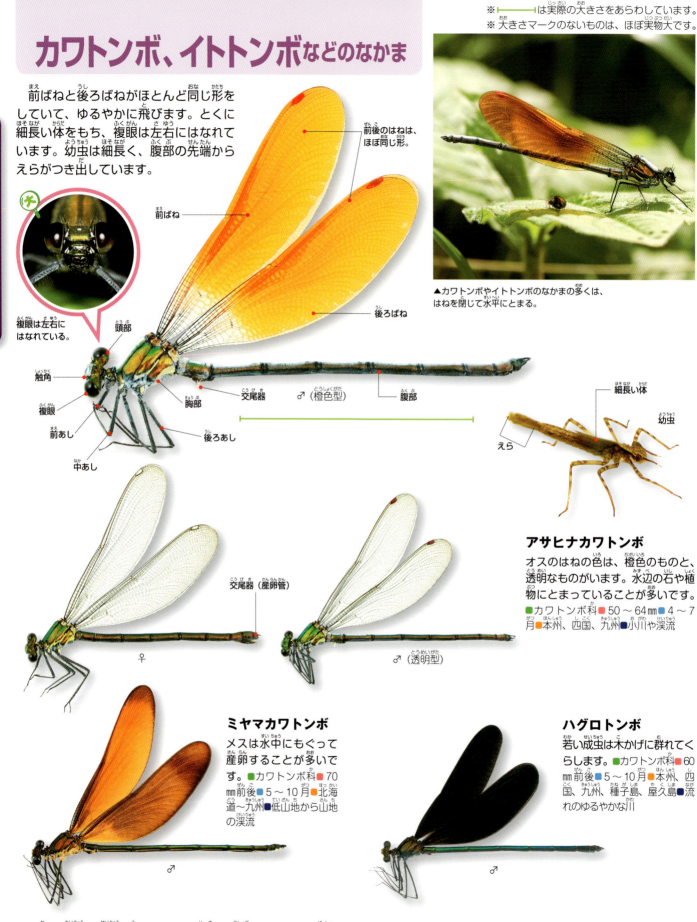

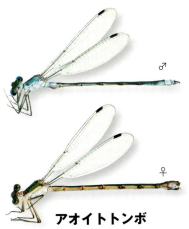

アオイトトンボ
はねを開いてとまります。
■アオイトトンボ科 ■40mm前後 ■5～11月 ■北海道～九州 ■日当たりがよく、植物が多い池

オガサワラアオイトトンボ 絶滅危惧種
水面にはりだした木の枝や葉に産卵します。小笠原諸島だけに生息し、絶滅の危機にあるため、保護活動が進められています。■アオイトトンボ科 ■46mm前後 ■ほぼ一年中 ■小笠原諸島（父島列島）■林に囲まれた池や小川のよどみ

モノサシトンボ
オスとメスが連結して水面の植物に産卵します。腹部に、ものさしの目盛りのような模様があります。■モノサシトンボ科 ■45mm前後 ■5～10月 ■北海道～九州 ■木かげのある池

ホソミオツネントンボ
夏に羽化し、翌年の初夏まで生きるため、ほぼ一年中見られます。■アオイトトンボ科 ■40mm前後 ■7月～翌年6月 ■北海道～九州 ■植物の多い池や湿地

グンバイトンボ 絶滅危惧種
オスのあしの一部が軍配状になっていて、メスへの求愛などに使われます。■モノサシトンボ科 ■37mm前後 ■5～8月 ■本州、四国、九州 ■流れのゆるやかな川

幼虫

クロイトトンボ
水面に浮かぶ水草にとまっていることが多く、オスとメスが連結して産卵します。■イトトンボ科 ■32mm前後 ■4～10月 ■北海道～九州 ■植物の多い池

アジアイトトンボ
岸辺の草むらにひそんでいます。■イトトンボ科 ■28mm前後 ■4～11月 ■北海道～南西諸島 ■植物の多い池や湿地

キイトトンボ
オスとメスが連結して水面の植物に産卵します。小型のクモやほかの種類のトンボをよく食べます。■イトトンボ科 ■36mm前後 ■5～9月 ■本州、四国、九州、屋久島 ■植物の多い池や湿地

ベニイトトンボ 珍しい
植物の多い、木かげのある池にすみます。オスとメスが連結したまま産卵します。■イトトンボ科 ■38mm前後 ■5～10月 ■本州、四国、九州

Q: 冬に飛んでいるトンボはいますか？　A: ホソミオツネントンボなどは成虫のまま冬を越すので、ほぼ一年中飛んでいる姿を見られます。

ムカシトンボ、サナエトンボのなかま

ムカシトンボのなかまは、大昔のトンボの特ちょうを残しており、前ばねと後ろばねが同じ形をしていて、左右の複眼がはなれています。サナエトンボのなかまは複眼がやや小さく、胸部や腹部に黄色い模様があるのが特ちょうです。

※ ⊢――┤は実際の大きさをあらわしています。
※ 大きさマークのないものは、ほぼ実物大です。

前ばねと後ろばねはほとんど同じ形。

複眼は左右にはなれている。

▲はねを閉じ、ぶらさがってとまる。

ムカシトンボ 珍しい
オスは川の上をすばやく飛びまわってメスをさがします。メスは川のほとりの植物に産卵します。■ムカシトンボ科 ■50㎜ ■4〜6月 ■北海道〜九州 ■山地の渓流

幼虫
▲きれいな渓流にすむ。

ムカシヤンマ
日当たりのいい場所をこのんでとまります。幼虫はしめった土などにあなをほってくらします。■ムカシヤンマ科 ■65㎜ ■4〜7月 ■本州、九州 ■丘陵地や山地の、水のしみだすがけや湿地

後ろばねのほうが大きい。

複眼は左右にはなれている。

幼虫
▲湿ったコケの中にあなをほる。半水生。

▲はねを広げてとまる。

■科 ■体長 ■成虫が見られるおもな時期 ■分布 ■すんでいる場所

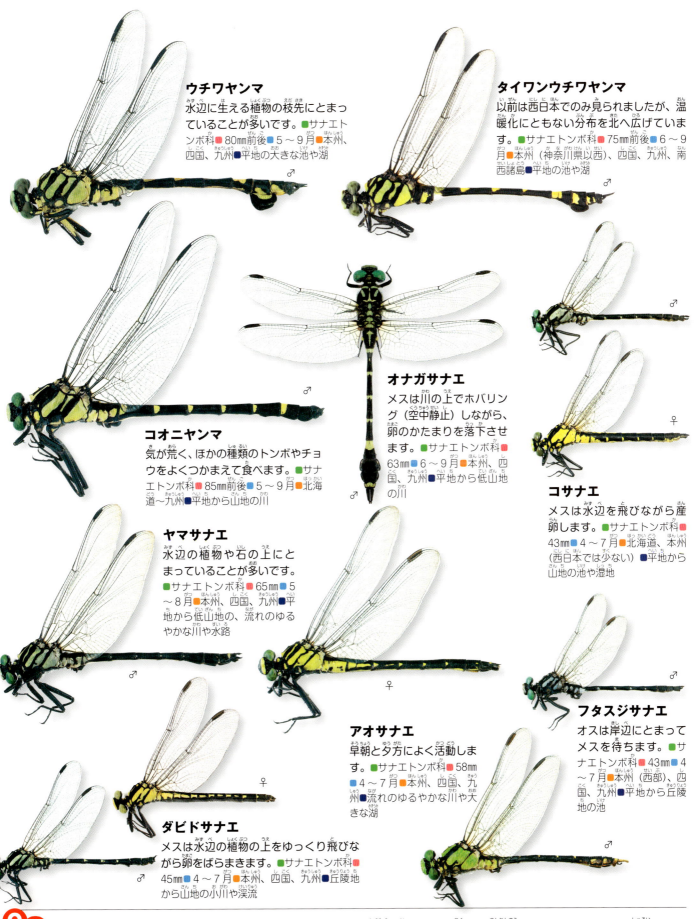

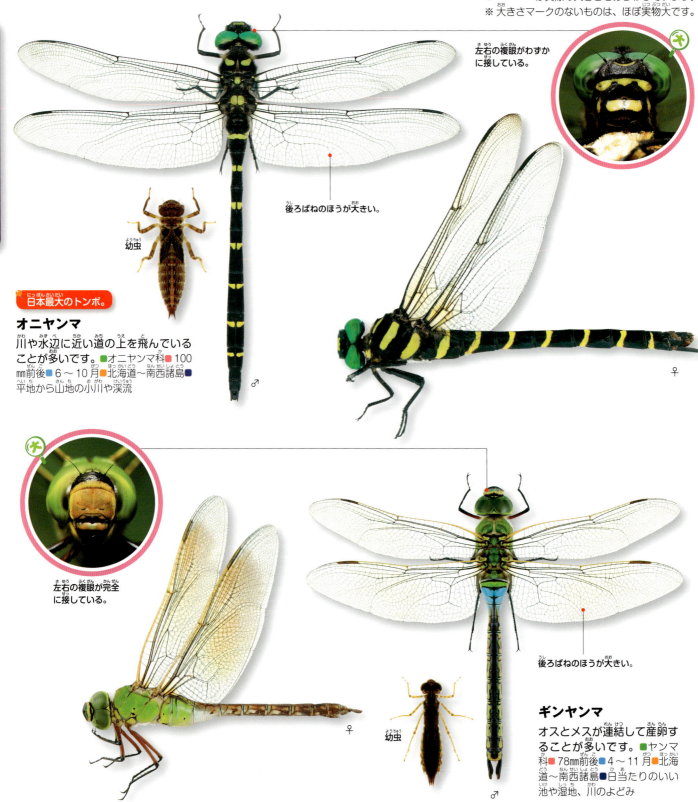

トンボ、エゾトンボなどのなかま

トンボのなかまは、複眼が大きく、太くて短い腹部が特ちょうです。エゾトンボのなかまは、金属のような光沢の体が特ちょうで、左右の大きな複眼は接しています。

※ ┣━━┫ は実際の大きさをあらわしています。
※ 大きさマークのないものは、実物のほぼ80%です。

アキアカネ
平地で羽化したものは山地へ移動して夏をすごし、秋に平地へもどります。■トンボ科 ■40mm前後 ■6〜12月 ■北海道〜九州 ■水田や池、湿地

- 複眼は完全に接している。
- 後ろばねのほうが大きい。
- 腹部は太くて短い。

▲羽化したばかりのオスのアキアカネは、黄色っぽい体をしている。

シオカラトンボ
メスの産卵中、オスは近くを飛んで見守ります。■トンボ科 ■55mm前後 ■4〜11月 ■北海道〜南西諸島 ■池や湿地、水田、流れのゆるやかな川

- 白い粉でおおわれている。
- 羽化したばかりのころは、メスと同じ色。
- メスのシオカラトンボは、その体色から「ムギワラトンボ」ともよばれる。

世界のトンボのなかま

トンボのなかまは、あたたかい地域を中心に、世界に約5000種がいます。幼虫は水の中にすむため、池や川など、水の近くにいます。とても大きな体をもつものや、美しいはねをもつものもいます。
※このページの標本は、ほぼ実物大です。

世界最大のトンボ。

テイオウムカシヤンマ
オーストラリアにすみます。体長は120㎜、開いたはねの大きさは200㎜ちかくにもなり、世界最大のトンボだといわれています。日本にすむムカシヤンマにちかいなかまです。

世界最大のイトトンボ。

ハビロイトトンボ
体長は100㎜をこえ、イトトンボのなかまでは世界最大種です。ブラジル、コロンビア、エクアドル、ペルーなど、南アメリカの熱帯雨林にすみます。

▲木にぶら下がってとまる、ハビロイトトンボ。

ミドリカワトンボ
オスは緑色の美しい後ろばねと、金属のように光る体をもっています。体長は65㎜前後で、中国やインド、ラオス、タイ、ベトナムなどにすみます。

カゲロウのなかま

カゲロウのなかまは、はねのある昆虫のなかでもっとも原始的です。前ばねが大きく、後ろばねは小さく、なかには後ろばねが退化してなくなっているものもいます。2本、または3本の長い尾をもっています。

カゲロウのなかま／カワゲラのなかま

▼いっせいに飛ぶ、オオシロカゲロウ。

▲水中にすむ、タニヒラタカゲロウの幼虫。

▲水中で羽化する、キイロヒラタカゲロウの亜成虫。

いっせいに羽化し、夜空をうめつくす

羽化したカゲロウの寿命はひじょうに短く、数時間しか生きられないものもいます。たくさんのカゲロウがいっせいに羽化し、大発生することもあり、車が道路をうめつくしたカゲロウを踏んでスリップしてしまうなど、交通事故の原因になることもあります。

幼虫は水の中でくらし、2回羽化する

カゲロウの幼虫は水の中にすみます。えらという器官があり、水中で呼吸することができます。幼虫は、羽化してはねのある亜成虫となり、その後にもう一度羽化して成虫になります。成虫は口が退化しており、何も食べません。

▲亜成虫から羽化する、モンカゲロウの成虫。

フタスジモンカゲロウ
川の上流にすみます。幼虫は川底の砂にもぐって、細かい有機物を食べています。■モンカゲロウ科■11〜14mm■5〜9月■北海道〜九州■細かい有機物

ミドリタニガワカゲロウ
幼虫は川底の石の表面などにすみ、石についた藻などをはぎとって食べます。■ヒラタカゲロウ科■12〜15mm■4〜10月■北海道〜南西諸島■藻類

フタバカゲロウ
成虫には後ろばねがありません。幼虫は池などにすみ、よく泳ぎます。■コカゲロウ科■8〜10mm■4〜10月■北海道〜南西諸島■藻類

カワゲラのなかま

カワゲラのなかまは、平たくやわらかい体をしています。前ばねよりも後ろばねが大きく、2本の尾があります。はねのない種類もいます。幼虫は水中にすみ、えらがあって水の中で呼吸することができます。

カミムラカワゲラ
幼虫は川の中流の、流れが速いところにすんでいて、1年で成虫になります。■カワゲラ科■15〜25mm■5〜6月（北海道では7月）■北海道〜九州■カゲロウなど水生昆虫の幼虫

オオクラカケカワゲラ
幼虫は川の上流の、流れがとても速いところにすんでいて、成虫になるまでに2〜3年かかります。■カワゲラ科■25〜40mm■7〜9月■本州、四国、九州■カゲロウなど水生昆虫の幼虫

クロヒゲカワゲラ
幼虫は川の上流の、流れが速いところにすんでいます。成虫は明かりに飛んでくることがあります。■カワゲラ科■15〜25mm■6〜9月■北海道〜九州■カゲロウなど水生昆虫の幼虫

オオヤマカワゲラ
幼虫は川の上流の、ゆるやかな流れにすんでいます。■カワゲラ科■20〜35mm■4〜6月■本州、四国、九州■カゲロウなど水生昆虫の幼虫

ユキクロカワゲラ（セッケイカワゲラ）
成虫にははねがありません。冬から早春に、積もった雪の上を歩いています。■クロカワゲラ科■体長10〜12mm■1〜3月（高山では4月まで）■北海道、本州■水中の落ち葉

■科 ■前翅長 ■成虫が見られるおもな時期 ■分布 ■幼虫の食べもの

バッタのなかま

バッタのなかま（バッタ目）には、バッタ、コオロギ、キリギリスなどがいます。草むらでくらし、おもに原っぱや河原に生える草を食べています。コオロギ、キリギリスは肉食性が強く、ほかの昆虫も食べます。

後ろあしでジャンプ！
バッタのなかまは武器をもたないので、太くて力の強い後ろあしで地面をけって大きくジャンプし、敵から身を守ります。

▲ジャンプするトノサマバッタ。

▼草を食べるトノサマバッタ。

草が大好き
バッタは幼虫も成虫も草を食べます。イネのなかまの細長い葉が好きな種類が多いです。コオロギやキリギリスのなかまには草食性のものと、雑食性でほかの昆虫などを食べるものもいます。

かくれんぼがじょうず

おもに昼間活動するバッタのなかまの天敵はトリ、クモ、カマキリなどです。天敵からのがれるため、体の色が緑色や茶色のものが多く、草や土、石の上にいると見分けがつきにくくなっています。コオロギのなかまは、昼間は石や落ち葉の下にかくれていて、おもに夜間に活動します。

▲河原に転がる石の色や、周囲の景色に似せたカワラバッタ。

▲海岸の砂地にまぎれるハマスズ。

▲地中に産卵管を入れ、卵を産むトノサマバッタ。卵はあわのかたまりにつつまれている。

地中でふ化し、草の上で成長

バッタのなかまは、秋になると交尾し卵を産みます。卵は地中で冬を越し、あたたかく草がしげるようになるとふ化します。地中から出てきた幼虫は、何回か脱皮をくり返したのちに羽化し、成虫になります。

▲トノサマバッタの羽化のようす。からをぬぎ、はねをもつ体が現れた。

鳴き声でよびあう

コオロギやキリギリスのなかまは夏の終わりから秋にかけて、暗くなると美しい声で鳴きはじめます。鳴くのはオスの成虫で、鳴き声でなわばりを守ったり、交尾をするメスをさそったりします。目的によって鳴き方が変わり、相手を威嚇するときはキリキリキキッとするどい鳴き方をします。

▲前ばねをこすりあわせて鳴くスズムシ。

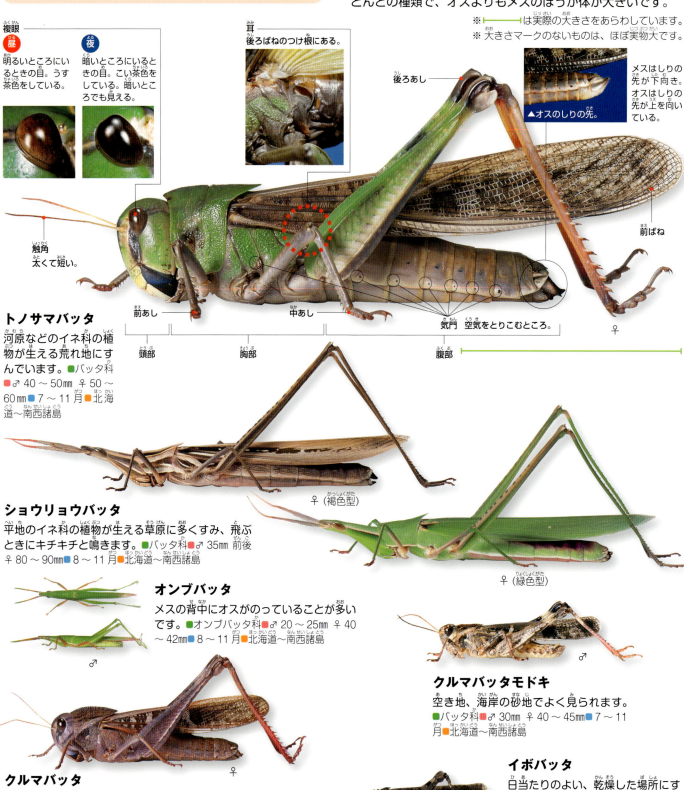

カワラバッタ
河原にすみ、おどろくとすばやく飛びます。■バッタ科 ♂20〜30mm ♀40〜45mm ■8〜9月 ■本州、四国、九州、南西諸島

ノミバッタ
河原や山道の砂地にトンネル状の穴をほってすんでいます。■ノミバッタ科 3〜4mm ■3〜11月 ■北海道〜南西諸島

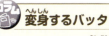

変身するバッタ
バッタはふつう単独でくらし、飛ぶ力も強くありません。しかし、食べものの植物が減り、生息密度が高くなるなどといったことをきっかけに大発生し、群れをつくることがあります。このような状態になったバッタははねが大きくなり、食べものをもとめて長距離を移動するのに適した体へと変化します。

▶はねがやや大きくなったトノサマバッタ。

> フキバッタのなかまは、はねが短く飛ぶことができない。

(成虫)
(幼虫)

> バッタやコオロギのなかまは幼虫と成虫がよく似ている。

ヤマトフキバッタ
広葉樹林に多くすみ、フキの葉をこのんで食べます。■イナゴ科 25〜30mm ■7〜10月 ■本州、四国、九州、南西諸島

> ヒシバッタのなかまには、いろいろな模様がある。

ハラヒシバッタ
家の庭や公園でも見られます。体の色や模様が変化に富んでいます。■ヒシバッタ科 8〜12mm ■4〜10月 ■北海道〜南西諸島

> ヒシバッタのなかまには、いろいろな体色がある。

トゲヒシバッタ
水辺や畑などのしめった草地で見られます。はねが長く、左右にとげがあります。■ヒシバッタ科 15〜20mm ■4〜10月 ■北海道〜南西諸島

ナキイナゴ
姿や生態がイナゴに似ています。■バッタ科 ♂20mm前後 ♀30mm前後 ■6〜9月 ■北海道〜九州

ツマグロバッタ
しめった草原にすみます。オスは黄色で、メスは褐色です。■バッタ科 ♂33〜42mm ♀45〜49mm ■7〜9月 ■北海道〜九州

ツチイナゴ
クズの葉をこのんで食べます。成虫で越冬します。■イナゴ科 ♂40mm前後 ♀50〜60mm ■9〜10月 ■本州、四国、九州、南西諸島

コバネイナゴ
水田にすみます。東北地方では佃煮にして食べます。■イナゴ科 30〜40mm ■8〜11月 ■北海道〜九州

ハネナガイナゴ
水田に多くすみ、コバネイナゴにくらべ体がやや細いです。■イナゴ科 35〜45mm ■8〜11月 ■北海道〜九州

マメ知識 トノサマバッタの大発生は、日本では最近はあまり見られませんが、明治時代までに何度か発生しています。

キリギリスなどのなかま

キリギリスのなかまは、幼虫のときは、花をこのんで食べますが、大きくなると虫をとらえて食べるようになります。体は短く、あしと触角が長いものが多く、あしにはたくさんのとげがあります。

バッタのなかま

▲するどい大きなあごでバッタを食べるキリギリス。

長い触角 / 足にあるするどいとげ

ヒガシキリギリス
一般的なキリギリスです。近畿地方より西に分布するものをニシキリギリスといいます。■キリギリス科 ■25〜40mm ■6〜9月 ■本州 ●チョン、ギーッ

バッタのなかまにはピンクの色素があり、突然変異によってピンク色が強いものが生まれることがある。

クビキリギス
体の色が緑色と褐色のものがいます。■キリギリス科 ■55〜65mm ■10〜翌年6月 ■本州、四国、九州、南西諸島 ●ジー

♂(緑色型) / ♂(褐色型) / ♂珍しい

ヒメギス
しめった短い草を好みます。■キリギリス科 ■25〜30mm ■6〜8月 ■北海道〜九州 ●シリリリリ

♀(緑色型) / ♂(褐色型)

クサキリ
体の色が緑色と褐色のものがいます。■キリギリス科 ■40〜55mm ■8〜10月 ■北海道〜九州 ●ジー

カヤキリ
ススキなどの草原にすんでいます。■キリギリス科 ■65〜70mm ■7〜9月 ■本州、四国、九州 ●ジャー

ヤブキリ
木の上ややぶ、草原で見られます。■キリギリス科 ■35〜45mm ■6〜8月 ■本州、四国、九州 ●ギー

ササキリ
ササなどの草原にすんでいます。■キリギリス科 ■20〜25mm ■8〜10月 ■本州、四国、九州、南西諸島 ●シリシリシリ

オナガササキリ
メスは赤みをおびた長い産卵管をもっています。■キリギリス科 ■25〜30mm ■8〜10月 ■本州、四国、九州、南西諸島 ●シリリ、シリリ

ウスイロササキリ
背の低い草原にすんでいます。体の色が緑色と褐色のものがいます。■キリギリス科 ■25〜35mm ■6〜11月 ■北海道〜九州 ●シリリ、シリリ

■科 ■全長 ■成虫が見られるおもな時期 ■分布 ●鳴き声

※ ⊢―⊣ は実際の大きさをあらわしています。
※ 大きさマークのないものは、実物のほぼ120%です。

トサササキリモドキ
姿がササキリに似ています。夜行性で、昼間は樹上にいます。■ササキリモドキ科 ■25mm前後 ■8月 ■四国

アシグロツユムシ
平地から山地に生息し、あしの先が黒褐色です。■キリギリス科 ■30〜35mm ■7〜10月 ■北海道〜九州 ●ジキーッ、ジキーッ

ツユムシ
しめった背の高い草をこのみます。■キリギリス科 ■29〜37mm ■7〜11月 ■北海道〜南西諸島 ●ジジジジ

セスジツユムシ
家の生け垣などで見られます。■キリギリス科 ■30〜40mm ■8〜10月 ■本州、四国、九州、南西諸島 ●チチチ、ジーチョ、ジーチョ

ホソクビツユムシ
山地の広葉樹林にすみます。■キリギリス科 ■35〜40mm ■7〜10月 ■本州、四国、九州 ●ジキーッ、ジキーッ

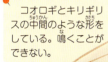

コオロギとキリギリスの中間のような形をしている。鳴くことができない。

クツワムシ
林の下草にすみ、体の色が緑色と褐色のものがいます。■キリギリス科 ■50〜60mm ■7〜11月 ■北海道〜九州 ●ガチャ、ガチャ

コロギス
平地から山地の広葉樹の上にすんでいます。夜行性で警戒心が強いです。■コロギス科 ■35〜40mm ■7〜9月 ■本州、四国、九州

サトクダマキモドキ
体が大きく、高い木の上にすんでいます。■キリギリス科 ♂40〜50mm ♀60mm前後 ■8〜11月 ■本州、四国、九州 ●チッ、チッ、チッ

ハヤシノウマオイ
畑や小川にそった草原にすみます。■キリギリス科 ■35〜40mm ■8〜11月 ■本州、四国、九州、南西諸島 ●スイーチョン

マダラカマドウマ
夜行性で、家の床下などにもすんでいます。■カマドウマ科 ■25mm前後 ■一年中 ■本州、四国、九州

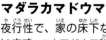

ヒラタクチキウマ 珍しい
山地の森林のくち木などにすんでいます。■カマドウマ科 ■15mm前後 ■8月 ■北海道、本州

マメ知識 江戸時代、キリギリスやスズムシなどは、その美しい鳴き声を楽しむため、竹製のかごに入れられて販売されていました。

コオロギなどのなかま

草原や田畑、人家のまわりのしげみで生活しています。体の色は黒や茶色のものが多く、後ろあしは長く太く発達しています。発音器をこすりあわせて鳴くものが多いです。

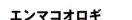は実際の大きさをあらわしています。
※大きさマークのないものは、実物のほぼ150％です。

エンマコオロギ
- コオロギ科
- 20〜25mm
- 8〜11月
- 北海道〜九州
- コロコロリー

長い触角

耳 前あしに鼓膜がある。

発音器
左前ばね／右前ばね
まさつ片／やすり

スズムシのオスの前ばね。左前ばねのまさつ片と右前ばねの裏のやすりをこすり合わせて鳴き声を出す。

スズムシ
- スズムシ科
- 17〜25mm
- 8〜10月
- 本州、四国、九州
- リーン、リーン

ハラオカメコオロギ
- コオロギ科
- 15mm
- 8〜10月
- 本州、四国、九州
- リッリッリッ

オスの顔

ミツカドコオロギ
オスは頭の両側が角状に出っぱっています。
- コオロギ科
- 15〜20mm
- 8〜10月
- 本州、四国、九州
- ジッジッジッ

ツヅレサセコオロギ
- コオロギ科
- 13〜22mm
- 8〜10月
- 本州、四国、九州
- リリリリリ

クサヒバリ
昼間でもよく鳴きます。
- クサヒバリ科
- 9〜10mm
- 8〜10月
- 本州、四国、九州、南西諸島
- フィリリリ

カネタタキ
庭木や街路樹、人家の軒先でも見られます。
- カネタタキ科
- 9〜15mm
- 8〜11月
- 本州、四国、九州、南西諸島
- チンチンチン

カンタン
ヨモギ、ススキなどの草原にすみ、河岸で多く見られます。
- カンタン科
- 10〜20mm
- 8〜11月
- 北海道〜九州
- ルルルル

アリヅカコオロギ
はねがなく、アリの巣にすみ、働きアリに食べものを運んでもらっている。
- アリヅカコオロギ科
- 2〜3mm
- 一年中
- 北海道、本州

マツムシ
日当たりのよい草原や河原にすんでいます。
- マツムシ科
- 20mm前後
- 8〜11月
- 本州、四国、九州、南西諸島
- チンチロリン

シバスズ
しばふや背の低い草地にすんでいます。
- マダラスズ科
- 5〜6mm
- 6〜7月、9〜11月
- 北海道〜九州
- ジーッ、ジーッ

アオマツムシ 〔外来種〕
庭木や街路樹などでも見られます。
- マツムシ科
- 20〜25mm
- 8〜11月
- 本州、四国、九州
- リーリーリー

ケラ
湿地にあなをほってすんでいます。飛ぶことや、泳ぐこともできます。
- ケラ科
- 30〜35mm
- 4〜9月
- 北海道〜南西諸島
- ブー

- 科 ●全長 ●成虫が見られるおもな時期 ●分布 ●鳴き声

世界のバッタのなかま

すんでいる場所の環境にとけこむような体の色や形をしているものが多くいます。熱帯地方では、木の葉や枝、こけなどに似たバッタやキリギリスのなかまが数多く見られます。

サルオガセギス
　中央アメリカやペルーの森林に生息しているキリギリスです。木に生えるこけにそっくりな姿をしていて、こけを食べています。

ナンベイオオトノサマバッタ
　南アメリカに広く生息しているバッタです。はねを開くと23〜24㎝になり、日本のトノサマバッタの約2倍の大きさになります。

コノハツユムシ
　体長約7㎝で、マレーシア半島などにすむ木の葉そっくりのツユムシです。緑色や茶色など色々なものがいます。

カレハバッタ
　体長は約5㎝で、かれ葉にそっくりなバッタです。マレー半島、ボルネオ島などに生息しており、かれ葉を食べています。さまざまな色をしたものがいます。

マレーヒラタツユムシ
　アジアに広く生息しているツユムシです。体長は約5㎝で、夜行性のため、昼間は葉の裏にはりついて、身をかくしています。

カマキリのなかま

かまのような前あしで、花に集まる虫や草むらにすむ虫などをとらえて食べる肉食性の昆虫です。昆虫のほか、カエルやトカゲなどを食べることもあります。

▲大きなかまでキアゲハをとらえるオオカマキリ。

草むらのハンター

カマキリは自分から獲物を追うのではなく、草やかれ葉に身をひそめ、獲物が近づいてくるのを待ちます。獲物がやってくると触角の先端、2つの複眼で、獲物との距離をはかり、一瞬のうちに大きなかまで相手をつかまえます。夜も活動していて、光に集まる虫をつかまえて食べます。

◀獲物を食べ終わったあと、かまのとげのすきまをきれいにするオオカマキリ。

相手を威嚇する

カマキリは自分より強そうな相手に出会うと、自分を強く見せようとします。はねを大きく広げ、腹の端を曲げ、かまを大きくかまえ、相手を威嚇します。

◀威嚇するオオカマキリ。

▼卵からつぎつぎとかえる幼虫。幼虫の半分以上は卵のうから出てすぐに、ほかの生きものに食べられてしまう。

交尾は命がけ

秋になると、オスはメスが出すにおいをかぎつけ、交尾をします。しかし、カマキリには自分より小さいものに飛びつくという習性があり、交尾中にメスがオスをおそうことがあります。メスは100〜300個の卵を、卵を守るためのあわ（卵のう）といっしょに産みます。卵のうに守られ冬を越した卵は、5〜6月にふ化します。幼虫は8回ほど脱皮をくりかえしたのちに羽化します。

▲交尾中にメスに食べられるオス。

▲卵のうの中に卵を産む。

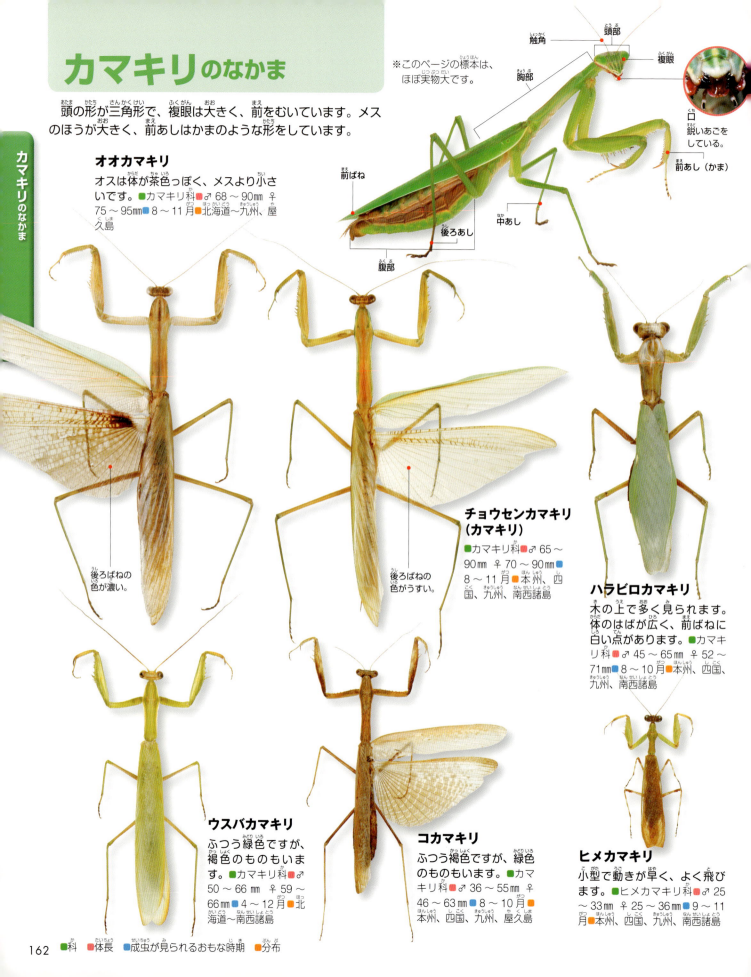

世界のカマキリのなかま

鳥などに見つからないように、また、獲物を待ちかまえるため、くらしている環境にとけこむ色や模様をしているものが多くなっています。おもに東南アジアの熱帯地方にくらしています。

△花とまちがえてやってきたチョウをとらえる。

ハナカマキリの幼虫
姿や色を花に似せたカマキリです。花の上で獲物をとらえます。成虫はあまり花に似ていません。

マルムネカレハカマキリ
かれ葉に似たカマキリ。かれ葉の色に合わせて、黒っぽいものから黄色、茶色まで、さまざまな色のものがいて、変化に富んでいます。

ボクサーカマキリ
体長30mmほどで、かまがボクシングのグローブをはめたような形をしています。かまを出したり引っこめたり、ボクサーのように動かします。

マオウカレハカマキリ
体長70mmほどで、黒光りしたかまをもち、おそろしい顔をしています。マレー半島やボルネオ島で見つかっている、大変めずらしい種類です。

ナナフシのなかま

バッタにちかい昆虫で、森や雑木林で生活しています。おもに夜活動し、幼虫も成虫も葉を食べます。体は細長く、木の枝にそっくりです。

かくれんぼがじょうず
武器をもたないナナフシは、昼間は天敵である鳥などに見つからないように、緑色の枝、かれた枝、木の葉などに化けて、じっとしています。

▲木の枝のようにとまるエダナナフシ。

▲かれ木の上を歩くトゲナナフシ。

メスだけでふえる？

メスは秋に木の上から卵を産み落とします。卵は植物の種にそっくりな形をしています。卵はそのまま冬を越し、春から夏のはじめにふ化し、夏に成虫になります。オスが見つかっていない種類も多く、メスだけで繁殖することができると考えられています。

▲卵は木の実のような形をしている。

▲エダナナフシの幼虫。やわらかい葉を食べる。成虫も幼虫も同じ形をしている。

▲エダナナフシの脱皮のようす。皮をやぶいて体が出てくる。はねがない種類が多い。

■体長　■成虫が見られるおもな時期　■分布　■幼虫の食べもの

ナナフシのなかま

※このページの標本は、ほぼ実物大です。
※コブナナフシはコノハムシ科です。それ以外はすべてナナフシ科です。

触角
口 するどい歯はもたない。
頭部 **胸部** **腹部**
前あし **中あし** **後ろあし**

エダナナフシ
緑色と茶色のものがいます。♂ 65～82mm ♀ 82～112mm 7～11月 本州、四国、九州 コナラやサクラ

アマミナナフシ
♂ 76～113mm ♀ 98～149mm 一年中 九州（南部）、南西諸島

日本でいちばん大きいナナフシ。

触角が短い。

ニホントビナナフシ
オス、メスともにはねがあります。♂ 36～40mm ♀ 46～56mm 南西諸島では一年中 本州、四国、九州、南西諸島 シイやカシ類

トゲナナフシ（トゲナナフシモドキ）
地上をはっていることが多いです。♀ 57～75mm 春～秋 本州、四国、九州、奄美大島 アザミやバラ、シダ

コブナナフシ
♂ 37～42mm ♀ 45～51mm 一年中 九州（南部）、南西諸島

ナナフシモドキ（ナナフシ）
緑色と茶色のものがいます。♂ 57～62mm ♀ 74～100mm 7～11月 本州、四国、九州

ヤエヤマツダナナフシ
海岸近くのアダンの木にすみます。メスだけで繁殖し、オスは見つかっていません。おそわれると、ペパーミントのようなにおいの液をふきかけます。♀ 102～119mm 一年中 石垣島、西表島

マメ知識 ナナフシは敵からのがれるため、あしを自分で切ることがありますが、幼虫であればちぎれたあしは脱皮により再生します。

世界のナナフシのなかま

森林が豊かな東南アジアなど熱帯地方を中心に、約2500種類が生息しています。周囲の環境に合わせてさまざまな姿や形をしたナナフシや、コノハムシのなかまがくらしています。

ナナフシのなかま

ユウレイヒレアシナナフシ
性質はおだやかで、とげもするどくありません。体長は約150mmです。ニューギニア島やオーストラリアに生息しています。

サカダチコノハナナフシ
体重が重く、メスは飛ぶことができません。威嚇するときに逆立ちする習性があり、体中にするどいとげをもちます。体長は約150～180mmです。マレー半島に生息しています。

オオコノハムシ
体長約90mmで、木の葉のような姿をしています。東南アジアに生息しています。オスはメスとちがって体が細く、飛ぶためのはねを持っています。

オバケトビナナフシ
体長が300mm近くあります。モクレン科の木にいることが多く、ニューギニア島に生息しています。

コケエダナナフシ
こけが生えたかれ枝みたいなナナフシで、なかなか見つけることができません。体長は150mm前後です。ボルネオ島などに生息しています。

ニューギニアオオトビナナフシ
体長約200mm前後で、特大のトビナナフシのなかまです。ニューギニア島に生息しています。

カメムシのなかま

　カメムシのなかま（カメムシ目）には、カメムシ、セミ、タガメ、ヨコバイなどがふくまれます。針のように細長い口が特ちょうで、多くがまく状のはねをもちます。さなぎにはならず、卵から幼虫、成虫と成長する不完全変態をします。

▼産んだ卵を守るエサキモンキツノカメムシのメス。

▼毛虫をおそうアオクチブトカメムシ。

△いっせいにふ化するエサキモンキツノカメムシの幼虫。

母が子を守る

　カメムシの一部の種類では、メスが、産んだ卵を守ります。エサキモンキツノカメムシのメスは、卵や幼虫を自分の体でおおい、敵が近づくとはねをふるわせるなどして追いはらいます。

針状の口をつきさし、汁を吸う

　カメムシには、植物の汁を吸うものと、虫などをおそってその体液を吸うものがいます。植物食のカメムシは、ストローのような長い口をもち、木の実などに深く口をさしこみます。虫を食べる種類では、口は比較的太く短くなっており、するどい口の先を獲物につきさします。

△葉に集まったアカギカメムシの群れ。

集団行動をするカメムシ

　種類によっては、集団行動をして大きな群れをつくるものがいます。また、ふだんは単独でくらしていて、越冬の際に集まるものもいます。

▲ニシキキンカメムシの成虫。

▲羽化をするニシキキンカメムシ。

不完全変態の昆虫

カメムシのなかまは、幼虫のころから成虫にちかい形をしており、何回か脱皮をすることで成長し、羽化して成虫になります。同じ種類でも、体の模様は幼虫と成虫でまったくちがうことも多く、まるで別の種類のように見えることもあります。

▲イネの汁を吸うミナミアオカメムシ。

カメムシのなかま

カメムシのなかまは、針のような長い口をもっています。前ばねは先端がまく状になっていて、左右で重なってたたまれています。敵にであうと体からくさいにおいを出す種類もあります。日本には約800種がいます。

※ ├──┤は実際の大きさをあらわしています。
※ 大きさマークのないものは、実物のほぼ250%です。

- 触角
- 頭部
- 前あし
- 前胸部
- 小楯板
- 中あし
- 後ろあし

臭腺

胸部の裏側ににおいを出す器官（臭腺）があり、危険を感じると、くさいにおいを出す。

前ばねの根元はかたく、先端は透明でやわらかい。

ツノアオカメムシ
山地に多く、ハルニレやミズキ、ミズナラなどで見つかります。■カメムシ科 ■17〜24mm ■北海道〜九州

チャバネアオカメムシ
ナシやリンゴ、モモなどの果実の汁を吸う害虫です。■カメムシ科 ■10〜12mm ■4〜10月 ■北海道〜南西諸島

アオクサカメムシ
雑食性でいろいろな草、木、野菜、果樹などに集まります。強い悪臭をはなちます。■カメムシ科 ■12〜16mm ■4〜10月 ■北海道〜九州、沖縄島

ナガメ
アブラナやダイコンなどアブラナ科の植物に集まります。■カメムシ科 ■6.5〜9.5mm ■4〜10月 ■北海道〜九州

アカスジカメムシ
ニンジンやシシウドなどセリ科の植物の花や実に集まります。■カメムシ科 ■9〜12mm ■6〜10月 ■北海道〜南西諸島

クサギカメムシ
ミカンやリンゴ、ダイズなどの汁を吸う害虫です。成虫で越冬します。強い悪臭をはなちます。■カメムシ科 ■13〜18mm ■北海道〜南西諸島

ウシカメムシ
サクラ、アセビ、ヒノキなどに集まります。■カメムシ科 ■8〜9mm ■7月〜 ■本州、四国、九州、南西諸島

ウズラカメムシ
エノコログサなどイネ科の植物に集まります。■カメムシ科 ■8〜10mm ■6月〜 ■本州、四国、九州

イネカメムシ
イネの害虫です。■カメムシ科 ■12〜13mm ■本州、四国、九州、南西諸島

エビイロカメムシ
ススキなどイネ科の植物に集まります。成虫で越冬します。■カメムシ科 ■14〜19mm ■本州、四国、九州、南西諸島

ツマジロカメムシ
山地でクヌギやフジ、キイチゴなどいろいろな植物に集まります。■カメムシ科 ■7.5〜10mm ■5〜10月 ■北海道〜九州

■科 ■体長 ■成虫が見られるおもな時期 ■分布

※ 大きさマークのないものは、実物のほぼ200%です。

シロヘリクチブトカメムシ
畑や草むらで見つかります。ガの幼虫などを捕らえて体液を吸います。■カメムシ科■12〜16mm■本州、四国、九州、南西諸島

アオクチブトカメムシ
山地の木の上にすみ、ガの幼虫などをとらえて体液を吸います。■カメムシ科■18〜23mm■北海道〜九州■6〜9月

ルリクチブトカメムシ
草原にすみ、ガの幼虫やハムシ類の体液を吸います。■カメムシ科■6〜8mm■3〜11月■本州、四国、九州、南西諸島

アカスジキンカメムシ
ミズキやキブシなどの実に集まります。■キンカメムシ科■16〜20mm■5〜8月■本州、四国、九州

オオキンカメムシ
海岸近くの林に多く、ツバキやミカンなど常緑樹にいます。成虫で越冬します。■キンカメムシ科■19〜26mm■本州、四国、九州、南西諸島

アカギカメムシ
アカメガシワに多く、しばしば大集団になります。成虫は卵を保護します。■キンカメムシ科■17〜26mm■四国、九州、南西諸島

ヨコヅナツチカメムシ
照葉樹林の落ち葉の下や石の下にすみ、明かりにも来ます。■ツチカメムシ科■14〜20mm■本州、四国、九州

ベニツチカメムシ
照葉樹林にすみ、成虫はボロボロノキの実を運んで、幼虫にあたえて育てます。■ツチカメムシ科■16〜19mm■本州、四国、九州、奄美大島、沖縄島

ナナホシキンカメムシ
カキバカンコノキなどに集まります。■キンカメムシ科■16〜20mm■南西諸島（沖縄島以南）

ジュウジナガカメムシ
イケマやガガイモなどガガイモ科の植物に集まります。■ナガカメムシ科■8〜11mm■7〜8月■北海道、本州

ノコギリカメムシ
キュウリ、カラスウリなどウリ科の植物に集まります。■ノコギリカメムシ科■12〜16mm■本州、四国、九州、トカラ列島

ヨツモンカメムシ
山地でニレやシデ類などに集まります。数は多くありません。■クヌギカメムシ科■13〜16mm■北海道、本州、九州

マルカメムシ
クズやフジなどマメ科植物に集まり、さわると強い悪臭をはなちます。■マルカメムシ科■5mm前後■4〜10月■本州、四国、九州

シロヘリナガカメムシ
草むらの地表で生活します。■ナガカメムシ科■7.5mm前後■北海道〜九州

オオモンキカスミカメ
ヤナギやハンノキの木の上でハムシの幼虫を襲って食べます。■カスミカメムシ科■9mm前後■北海道〜九州

ツツジグンバイ
ツツジ類に集まり、汁を吸います。■グンバイムシ科■3.5〜4mm■本州、四国、九州、南西諸島

Q: カメムシを食べる国はありますか？　A: 南アフリカやラオスなどでは、一部のカメムシを加熱したりして食用にしています。

カメムシのなかま

エサキモンキツノカメムシ
ミズキなどの木の上で見られます。メスは卵や幼虫を守ります。
■ツノカメムシ科 ■12mm前後 ■4〜10月 ■北海道〜九州、奄美大島

ツノアカツノカメムシ 珍しい
ズミやイヌザクラなどに集まります。■ツノカメムシ科 ■15〜18mm ■北海道〜九州

ハサミツノカメムシ
ミズキ、ツルウルシなどの実に集まります。オスの腹部には2本の突起があります。■ツノカメムシ科 ■18mm前後 ■6〜9月 ■北海道〜九州

オオホシカメムシ
アカメガシワの花に集まり、ミカン類の果実の汁も吸います。■オオホシカメムシ科 ■15〜19mm ■4〜10月 ■本州、四国、九州、南西諸島

ヒメホシカメムシ
シイやアカメガシワなどの花に集まり、明かりにも来ます。■オオホシカメムシ科 ■11mm前後 ■4〜10月 ■本州、四国、九州、南西諸島

クロジュウジホシカメムシ
海岸の近くに多く、フヨウなどの花や葉に集まります。■ホシカメムシ科 ■10〜16mm ■一年中 ■九州、南西諸島

ホソヘリカメムシ
ダイズやイネなどの害虫です。■ホソヘリカメムシ科 ■14〜17mm ■北海道〜南西諸島

オオヘリカメムシ
山地のアザミ類などに集まります。強い臭気を出します。■ヘリカメムシ科 ■20〜25mm ■北海道〜九州

アシビロヘリカメムシ
カボチャやキュウリ、ミカンなどの害虫です。■ヘリカメムシ科 ■17〜25mm ■南西諸島（奄美大島以南）

キバラヘリカメムシ
マユミ、ツルウメモドキなどに集まります。■ヘリカメムシ科 ■14〜17mm ■4〜11月 ■本州、四国、九州、奄美大島

オオクモヘリカメムシ
幼虫はネムノキにつき、成虫はミカンやカキにも集まります。強いにおいをはなちます。■ヘリカメムシ科 ■17〜24mm ■3〜10月 ■本州、四国、九州

サシガメのなかま

サシガメのなかまは肉食性で、ほかの虫などをおそって体液を吸います。ほかのカメムシのなかまに比べると口が太く短くなっています。また、がんじょうな前あしをもち、獲物をしっかりととらえます。

ヤニサシガメ
マツの木で生活しほかの虫をおそいます。ヤニ状の粘着物でベトベトしています。■サシガメ科 ■12〜16mm ■本州、四国、九州

オオトビサシガメ
小さな虫をおそって体液を吸います。さされるとはげしく痛みます。■サシガメ科 ■20〜27mm ■本州、四国、九州

キイロサシガメ
地上を歩いてほかの昆虫をおそいます。さされるとはげしく痛みます。■サシガメ科 ■18〜20mm ■本州、四国、九州、南西諸島

アカシマサシガメ
石の下や植物の根元などにすみます。ヤスデを好んで食べます。■サシガメ科 ■12mm前後 ■本州、四国、九州、南西諸島

キバネアシブトマキバサシガメ 珍しい
地上で生活し、小さな昆虫をおそいます。■マキバサシガメ科 ■9〜10mm ■本州、四国、九州

世界のカメムシのなかま

カメムシのなかまには、カラフルな姿をしたものが多くいます。カメムシはくさいにおいを出すために鳥などにねらわれにくく、目立つ外見はそれを警告しているのだといわれます。

ジンメンカメムシ（オオアカカメムシ）
背中のもようが人の顔のように見える、ユーモラスなカメムシです。体長は30mmほどで、東南アジアの熱帯雨林などにすんでいます。

ハナビラヒゲブトサシガメ
中央アメリカの熱帯雨林にすむ、花びらのようにあざやかな体色をしたサシガメのなかまです。

サファイアカメムシ
体の色は、まるで宝石のようです。スマトラ島にすんでいます。

クワガタマルカメムシ
アフリカの熱帯雨林にいます。オスだけに角があり、この角を使って押し合いをします。

バッタモドキヘリカメムシ
外見がバッタにそっくりなカメムシです。ブラジルにすみます。

チュウベイアシナガサシガメ
ひじょうに細長い体をしたカメムシです。これでも、肉食です。中央アメリカにすみます。

スネゲフサヒゲサシガメ
後ろあしに長い毛が生えた、変わった姿のサシガメです。オーストラリア中央部の砂漠にすんでいます。

アメンボ、タイコウチ、タガメなどのなかま

アメンボのくらし

アメンボは、あしの先を水面に接し、水の上を立つようにして進みます。体が軽く、唯一水面に接しているあしには細かな毛がびっしり生えていて水をはじくため、しずまずにいられるのです。また、そのあしで水面の波を感じとり、水に落ちた獲物を察知して、おそいかかります。

▲波紋を広げながら水面を進むヒメアメンボ。

▼水に落ちたトンボに群がるヒメアメンボ。

▼針のようなアメンボの口。

自由自在に水面を移動する肉食昆虫

アメンボの口は、ほかのカメムシのなかまと同じように針のようになっており、獲物の体につきさして体液を吸います。水に落ちておぼれている虫はなすすべもなく、集まってきたアメンボに食べられてしまいます。

タガメのくらし

タガメは日本最大の水生昆虫で、水田や池などにすみます。幼虫も成虫も水の中にすみますが、成虫ははねを広げて飛ぶこともできます。水中で呼吸することはできませんが、腹部の先端に呼吸管があり、ときおりそれを水面につき出して呼吸します。

◀魚をとらえ、口をつきさしたタガメ。

どうもうな「田んぼの王者」

タガメはきわめてどうもうで、カエルやドジョウ、ときにはヘビにまでおそいかかります。先端にするどいつめのついた強力な前あしで獲物をつかまえ、つきさした口の先から消化液を流しこみ、とけた肉をストロー状の口で吸いこみます。

▲卵を育てるオス。

▶ほかのメスの卵を破壊するメス。

複雑な子育て

オスは、水田のイネや植物の茎などにメスが産みつけた卵を、外敵から守ったり、かわかないように水をあたえたりして育てます。一方でメスは、ほかのメスが産んだ卵を破壊して、自分の子孫を残そうとします。こわされずにすんだ卵は、いっせいにふ化し、水面に落ちていきます。

▲いっせいにふ化する幼虫。

アメンボ、タイコウチ、タガメなどのなかま

※ ⊢―⊣ は実際の大きさをあらわしています。
※ 大きさマークのないものは、実物のほぼ170%です。

アメンボのなかまは、中あしと後ろあしがひじょうに長く、細かい毛の生えたあしで水面に浮かびます。タイコウチやタガメのなかまは水中で生活し、腹部の先端にある呼吸管を水面から出して呼吸します。肉食性で、力強い前あしで獲物をとらえ、針状の口をつきさして体液を吸います。

▶アメンボのあしに生えている細かい毛が水をはじくため、水に浮くことができる。

日本最大のアメンボ

オオアメンボ
つかまえると飴のような甘いにおいを出します。🟩アメンボ科 🟥19～27㎜ 🟦夏～秋 🟧本州、四国、九州

アメンボ
池や川でふつうに見られます。夏の終わりに大群をつくることがあります。🟩アメンボ科 🟥11～16㎜ 🟦3～11月 🟧北海道～南西諸島

エサキアメンボ 珍しい
ヨシなどの生える池や沼にすみ、あまり開けた場所にはいません。🟩アメンボ科 🟥7～11㎜ 🟦4～10月 🟧本州、九州

コセアカアメンボ
山地の池や沼、流れのゆるやかな川にすみます。🟩アメンボ科 🟥10.5～14.5㎜ 🟦3～10月 🟧本州、四国、九州、南西諸島

ヒメアメンボ
池や水田、小川などいろいろな水辺にすみます。早春から活動します。🟩アメンボ科 🟥8.5～11㎜ 🟦3～11月 🟧北海道～九州

ヤスマツアメンボ
暗い木かげの水辺で多く見られます。🟩アメンボ科 🟥10～13.5㎜ 🟦3～11月 🟧北海道、本州、四国

ハネナシアメンボ
ヒシなどの水草の多い池をこのみます。ふつう、はねはありません。🟩アメンボ科 🟥6.5～10㎜ 🟦4～11月 🟧北海道～九州

シマアメンボ
渓流にすみます。流れのある場所で群れをつくります。🟩アメンボ科 🟥5～7㎜ 🟦3～12月 🟧北海道～九州、奄美大島

🟩科 🟥体長 🟦成虫が見られるおもな時期 🟧分布

※大きさマークのないものは、ほぼ実物大です。

ミズカマキリ
池や水田などにすみます。小魚やオタマジャクシなどを捕らえて体液を吸います。■タイコウチ科 ■40〜45mm ■北海道〜九州

かまのような前あし

▲水面に長い呼吸管を出して呼吸する。

呼吸管

ヒメミズカマキリ
池や沼にすみます。■タイコウチ科 ■24〜32mm ■北海道〜南西諸島

コミズムシ

池や沼にすみます。水中では、はねと体のあいだに空気をため、風船のようにふわふわと浮いてきてしまうので、「フウセンムシ」ともよばれます。■ミズムシ科 ■5〜7mm ■北海道〜九州

マツモムシ

おなかを上にして泳ぎます。小魚や水に落ちた虫などをとらえて体液を吸います。針のような口でさされるととても痛いので注意が必要です。■マツモムシ科 ■11〜14mm ■北海道〜九州

▲水面に対して逆さまに浮かぶ。

ヒメタイコウチ 珍しい
わき水のある場所のコケのあいだや落ち葉の下などで見つけられます。■タイコウチ科 ■18〜22mm ■本州(愛知県〜兵庫県)、四国

▼背中に卵をのせたオス

オオコオイムシ

コオイムシより体が丸みをおびており、濃い色をしています。■コオイムシ科 ■23〜26mm ■北海道、本州

タガメ 絶滅危惧種
するどいつめ

日本最大の水生昆虫です。水草の多い池や水田にすみ、小魚やカエルなどをおそって体液を吸います。さされるととても痛いので注意が必要です。■コオイムシ科 ■48〜65mm ■本州、四国、九州、南西諸島

呼吸管

タイコウチ

池や水田の浅い場所にすみます。つかまえて刺激すると口のわきからくさい乳液を出します。■タイコウチ科 ■30〜38mm ■本州、四国、九州、南西諸島

コオイムシ
池や水田にすみます。水生昆虫などを捕らえて体液を吸います。初夏に、メスがオスの背中に卵を産みつけるという習性があります。■コオイムシ科 ■17〜20mm ■本州、四国、九州

Q&A Q:海にすむアメンボもいるのですか? A:います。ウミアメンボやシオアメンボは、おもに沿岸部の海面で生活しています。

セミのなかま

セミのくらし
成虫は、その生活のほとんどを木の上ですごします。ストローのようになった口を木につきさして樹液を吸います。オスは、腹部にある発音器官を使って大きな声で鳴き、メスを交尾にさそいます。

木の上でオスとメスが出会う
木の上でオスとメスが出会うと、オスは鳴き声でメスをさそい、たがいにあしをふれ合わせる求愛行動をしたあと、交尾をします。

▼求愛行動をするアブラゼミ。

▲ストローのような口で樹液を吸うアブラゼミ。

▲アブラゼミの幼虫の成長のようす。

木とともにすごす一生

　卵はかれ枝などに産みつけられ、ふ化した幼虫は枝から落ちて土の中にもぐります。幼虫は土の中で木の根の汁を吸って育ち、やがて成長すると地上へ出て草や木にのぼり、羽化します。羽化したばかりのころはやわらかい体をしていますが、やがてかたくなります。

▲羽化するアブラゼミ。

▲羽化したばかりのアブラゼミ。

セミのなかま

セミのなかまは長いはねをもち、よく飛びます。オスは腹部に発声器官をもち、大きな声で鳴きます。幼虫は土の中でくらし、羽化するときに地上に出てきます。日本には、35種がいます。

※このページで紹介しているものは、すべてセミ科です。
※ ┣━━┫ は実際の大きさをあらわしています。
※ 大きさマークのないものは、ほぼ実物大です。

腹弁。オスのものは大きい。

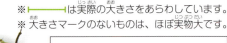

▲飛ぶときは前ばねと後ろばねをかぎのような部分でひっかけてつなげ、いっしょに動かす。

ミンミンゼミ
平地から低山地にふつうにいるセミです。■57〜64mm ■7〜9月 ■北海道〜九州、対馬 ●ミーンミンミンミンミ——……

▲オスのセミは、ほとんど空っぽに見える腹部の奥にまくがあり、これをふるわせて鳴き声を出す。

▲背中の黒い模様がほとんどなく、全体に緑色や空色のミンミンゼミは「ミカド型」とよばれ、きまった地域に限って見られる。

アブラゼミ
平地から低山地にふつうにいる大型のセミです。■55〜63mm ■7〜9月 ■北海道〜九州、屋久島 ●ジージリジリ……

リュウキュウアブラゼミ
アブラゼミとはちがい、うす暗い林や低山地などにすんでいます。■55〜65mm ■6〜10月 ■南西諸島（奄美大島〜沖縄島周辺）●ジリジリギー……

ツマグロゼミ
前ばねの先端に黒い模様があり、名前の由来になっています。■19〜28mm ■4〜7月 ■宮古島、八重山列島 ●シー、シ、シ、シ、シー……（宮古島、与那国島はシ——、シ——……）

●全長 ●成虫が見られるおもな時期 ●分布 ●鳴き声

ヤエヤマクマゼミは日本最大、イワサキクサゼミは日本最小のセミ。

クマゼミ
一本の木に多く集まる習性があります。■61〜70mm ■6〜9月 ■本州（東北地方南部以南）、四国、九州、南西諸島 ■シャアシャアシャアシャア……

ヤエヤマクマゼミ
日本最大のセミで石垣島と西表島の特産です。■68〜70mm ■石垣島6〜8月・西表島7〜9月 ■八重山列島（石垣島、西表島）■ミンミンミンミン……

イワサキクサゼミ
■12〜18mm ■3〜7月 ■沖縄島、宮古島、八重山列島 ■ジーーーチッチッチッチッチッ……

ニイニイゼミ
南アフリカをルーツとしています。ふつうにいる種です。■33〜38mm ■6〜8月 ■北海道〜九州、奄美諸島、沖縄島 ■チィーー

エゾゼミ
北海道から九州までにすんでいる大型のセミです。■55〜65mm ■7〜8月 ■北海道〜九州 ■ギーー

アカエゾゼミ
美しい大型のセミです。■58〜65mm ■7〜8月 ■北海道〜九州 ■ビーーン

コエゾゼミ
■48〜52mm ■7〜8月 ■北海道、本州（広島県付近まで）、四国 ■ジーー

チョウセンケナガニイニイ 絶滅危惧種
日本では長崎県の対馬だけにすんでいます。■34〜37mm ■10〜11月 ■対馬 ■チィチィチィ……チィチィチィチィーー

ハルゼミ
おもに松林にすんでいる小型のセミです。■32〜37mm ■3〜6月 ■本州（北関東〜中国地方）、四国、九州 ■ムゼームゼームゼームゼー

エゾハルゼミ
梅雨のころにブナの林から鳴き声が聞こえる、中型のセミです。■37〜44mm ■5〜7月 ■北海道、本州、四国、九州 ■ミョーキン、ミョーキン、ミョーキン、ミョーケケケケケケーー

ヒメハルゼミ
本州では数が少なく、天然記念物に指定しているところが多くあります。■32〜38mm ■6〜7月 ■本州、四国、九州、屋久島、奄美諸島、大東諸島 ■ギーオ、ギーオ、ギーオ……

（亜種ダイトウヒメハルゼミ）絶滅危惧種

Q: セミの成虫は、1週間しか生きられないのですか？　A: 種類にもよりますが、意外に長生きで、3週間から1か月程度生きることもあるようです。

※このページの標本は、ほぼ実物大です。

ヒグラシ
人々から「カナカナ」とよばれ、親しまれているセミです。■46〜48mm ■6〜8月 ■北海道〜九州（屋久島をのぞく）、奄美諸島 ●カナカナカナカナ

タイワンヒグラシ
世界一大きいセミの、テイオウゼミにちかいなかまです。■34〜52mm ■6〜10月 ■石垣島、西表島 ●ビン、ビン、ビン、ギュー……

チッチゼミ
松林にすむ、秋に鳴くセミです。■25〜30mm ■7〜11月 ■北海道〜九州 ●チッチッチッチッ……

クロイワゼミ 絶滅危惧種
沖縄島、久米島だけにすむセミです。美しい緑色をしています。■23〜31mm ■5〜8月 ■沖縄島、久米島 ●チュチュチュチュ……

エゾチッチゼミ
カラマツ林にすみます。■35〜39mm ■7〜9月 ■北海道 ●チッチッチッチッ……

オオシマゼミ
日本のツクツクボウシのなかまでは最大です。■45〜49mm ■6〜11月 ■南西諸島（奄美大島〜沖縄島）●カンカンカン……

ツクツクボウシ
ひじょうに敏感で、近づいただけでもジッと鳴いて飛び去ります。■40〜46mm ■8〜9月 ■北海道〜九州、屋久島 ●オーシンツクツク、オーシンツクツク、オーシンツクツク、……ツクリョーシ、ツクリョーシ、ジー──

コラム キノコになるセミ？

セミタケという種類のキノコは、胞子を飛ばしてセミの幼虫の体の中に入りこみます。キノコが成長するとセミの幼虫は死んでしまい、キノコは幼虫の体を養分にして育ちます。冬には虫だったものが、夏にはキノコに変わっているように見えるため、こうした虫に寄生したキノコのことを「冬虫夏草」とよびます。
冬虫夏草には、セミタケのほかに、カメムシタケやハチタケなどがあります。

▶ヒグラシの幼虫に寄生したセミタケ。

■全長 ■成虫が見られるおもな時期 ■分布 ●鳴き声

世界のセミのなかま

世界ではおよそ1500種のセミが知られています。はねや体の色があざやかな美しい種類や、特殊なくらしをするものもおり、鳴き声もさまざまです。

テイオウゼミ
体長80㎜、はねを広げた大きさは200㎜近くにもなる世界最大のセミで、マレーシアなどの高地にすみます。ヒグラシに近いなかまです。

原寸

世界最大のセミ。

十七年ゼミ
アメリカ合衆国にすむセミで、17年に1度、数えきれないほどの成虫がいっせいに羽化して町をうめつくします。その数は数十億にもなるといわれています。十七年ゼミには4種類が知られています。

コノハゼミ
木の葉にそっくりなセミです。オーストラリアの熱帯雨林などにすんでいます。

キエリアブラゼミ
東南アジアの低山地などにすむ、カラフルなセミです。

ヨバイ、アワフキムシ、アブラムシなどのなかま

アワフキムシのくらし

アワフキムシの幼虫は植物の茎に口をさしこんでその汁を吸い、ほとんど動きません。吸いこんだ水分を排せつ物と混ぜてねばりけのあるあわをつくり、その中にかくれるようにしてくらします。成虫はセミに似た姿で、あわから出て空を飛びます。日本には約40種がいます。

▲あわを出すマルアワフキの幼虫。

▲すっかりあわにかくれた様子。

▲羽化してあわから出てきたマルアワフキの成虫。

▼幼虫をうむソラマメヒゲナガアブラムシ。

二種類の増え方

アブラムシの増え方は二種類あります。食べものが豊富な春や夏の時期は、メスは交尾をしないで幼虫をうみます。秋になるとはねのあるオスがうまれ、メスはオスと交尾をして卵をうみます。

▲交尾をしているクリオオアブラムシ。

▼アリと共生するユキヤナギアブラムシ。

アブラムシのくらし

アブラムシは植物の汁を吸ってくらします。なかまと協力して天敵と戦うなど、「社会性」をもつものもいます。

アリとの共生

アブラムシの中には、アリと協力しながら生きるものがいます。アブラムシが体から排出する汁は甘く、アリのえさになります。それを求めて集まったアリが、アブラムシを天敵から守るのです。

ヨコバイ、アワフキムシ、アブラムシなどのなかま

※ ├─┤ は実際の大きさをあらわしています。
※ 大きさマークのないものは、実物のほぼ250%です。

ヨコバイ、アワフキムシはセミにちかいなかまで、幼虫も成虫も植物の汁を吸います。アブラムシのなかまはずんぐりとした体をしており、一部の季節をのぞいて、成虫にはねがありません。

ホシアワフキ
イネ科の植物につきます。■アワフキムシ科 ■13〜14mm ■北海道〜九州

テングアワフキ
アザミなどに寄生します。明かりにも来ます。■アワフキムシ科 ■10〜12mm ■本州、四国、九州

シロオビアワフキ
ヤナギやクワ、マサキなどにつきます。■アワフキムシ科 ■11〜12mm ■北海道〜九州

ツマグロオオヨコバイ
いろいろな植物の汁を吸います。別名バナナムシ。■オオヨコバイ科 ■13mm前後 ■3〜11月 ■本州、四国、九州、南西諸島

オオヨコバイ
いろいろな植物の汁を吸います。■オオヨコバイ科 ■8〜10mm ■5〜9月 ■北海道〜南西諸島

ツノゼミ
アザミやヨモギなどにつきます。■ツノゼミ科 ■6〜8.5mm ■7〜8月 ■北海道〜九州

トビイロツノゼミ
成虫で越冬します。ニワトコ、フジなどに寄生します。■ツノゼミ科 ■5〜6mm ■4〜11月 ■北海道〜九州

アオバハゴロモ
いろいろな植物につきます。ミカンや茶などの害虫です。■アオバハゴロモ科 ■9〜11mm ■本州、四国、九州、南西諸島

スケバハゴロモ
クワなどにつきます。■ハゴロモ科 ■9〜10mm ■本州、四国、九州

ミミズク
クヌギなどにつきます。成虫で越冬します。■ミミズク科 ■14〜18mm ■本州、四国、九州、南西諸島

アカハネナガウンカ
ススキなどのイネ科の植物につきます。■ハネナガウンカ科 ■9〜10mm ■本州、四国、九州

マルウンカ
一見テントウムシに似ています。危険を感じると飛びはねます。■マルウンカ科 ■5〜6mm ■本州、四国、九州

ソラマメヒゲナガアブラムシ
ソラマメ、ハマエンドウなどの茎や葉の裏に寄生します。■アブラムシ科 ■3mm前後 ■3〜6月 ■北海道〜九州

マメアブラムシ
アズキ、ソラマメ、カラスノエンドウなどのマメ科植物に寄生します。■アブラムシ科 ■1.4〜2.2mm前後 ■1年中 ■北海道〜南西諸島

トコジラミ [外来種]
世界中にすんでおり、ヒトから吸血する害虫です。南京虫ともよばれます。さされるととてもかゆくなります。■トコジラミ科 ■5〜7mm ■1年中 ■北海道〜南西諸島

カイガラムシのなかま

カイガラムシのなかまは、植物に寄生してほとんど動かず、なかにはあしが退化してまったく動けない種類もいます。白い粉やろうのような物質を出して、体のまわりをおおっているものもいます。多くの種類で、メスは一生のあいだ動くことができませんが、オスは成虫になるとはねをもち、メスを探して飛びまわります。日本には約400種がいます。

オオワラジカイガラムシ
オスにだけ羽があります。カシ類などの枝や幹に寄生します。■ワタフキカイガラムシ科 ♂5mm前後 ♀8〜12mm ■5〜6月 ■北海道〜九州

イセリアカイガラムシ（ワタフキカイガラムシ） [外来種]
ミカン類、ナンテン、ヤツデなど多くの植物に寄生します。オスはまれに見られます。■ワタフキカイガラムシ科 ■♂3mm ♀4〜6mm ■年2〜3回 ■本州、四国、九州、南西諸島

マメ知識　アブラムシの体内には、アブラムシに必要な栄養をつくり出す細菌がすんでいます。細菌は外では生きることができず、両者は共生関係にあります。

ゴキブリ、そのほかの昆虫

ゴキブリのなかま

恐竜よりも古くから生息し、強い生命力をもっています。一部は家にすみつくため害虫としてきらわれますが、多くの種類は森でかれ葉などを食べてくらしています。日本では約60種が知られています。

※  は実際の大きさをあらわしています。
※ 大きさマークのないものは、ほぼ実物大です。

ワモンゴキブリ 外来種
世界中の都市と熱帯地域にすむ害虫です。■ゴキブリ科 ■30～40mm ■北海道、本州、九州、南西諸島

クロゴキブリ 外来種
家の中でもっともよく見られる害虫です。■ゴキブリ科 ■25～35mm ■北海道～南西諸島

ヤマトゴキブリ
日本在来のゴキブリです。家屋内でも見られますが、もともとは雑木林などにすみます。■ゴキブリ科 ■25mm前後 ■北海道、本州、九州

▲さいふの口のような形をしたがま口型の卵から、いっせいにふ化するクロゴキブリの幼虫。

チャバネゴキブリ 外来種
低温に弱いので暖房のきいたビルや調理場にいる害虫です。世界中の都市にいます。■チャバネゴキブリ科 ■11～13.2mm ■北海道～九州、奄美大島

オオゴキブリ
自然林の立ち枯れや倒木にひそみ、くち木を食べます。■オオゴキブリ科 ■37～41mm ■本州、四国、九州、南西諸島

サツマゴキブリ
はねが退化してうろこ状です。くち木の皮の下にすみます。■オオゴキブリ科 ■25～35mm ■北海道～南西諸島

ヒメマルゴキブリ
メスは刺激するとダンゴムシのように丸まります。オスははねがあります。■オオゴキブリ科 ■10～12mm ■九州（南部）、南西諸島

ルリゴキブリ 珍しい
森林にすんでいます。るり色にかがやく美しいゴキブリです。■ムカシゴキブリ科 ■11.7～12.7mm ■石垣島、西表島、与那国島

日本最大のゴキブリ。

ヤエヤママダラゴキブリ
森の中でかれ葉の下や樹洞にすんでいます。■オオゴキブリ科 ■35～48mm ■石垣島、西表島

世界のゴキブリ

世界には熱帯地域を中心に約4000種のゴキブリがいます。

ヨロイモグラゴキブリ
世界最大級のゴキブリで、体長は80mmほどあります。地中で子育てをおこないます。オーストラリアの乾燥した森にすんでおり、ペットとして飼われることもあります。

ユーカリゴキブリ
体長は15mmほどで、オーストラリアなどにすみます。日当たりのよい林などの明るいところにすんでおり、花粉などを食べます。

■科　■全長　■分布

ハサミムシのなかま

世界に約1900種、国内には約20種がすんでいます。尾の先にはさみをもっていて、敵に対してしりをもちあげて曲げ、はさんで攻撃します。動物の死がい、小さな昆虫、くさった植物などを食べます。

▲卵の世話をするコブハサミムシの母親。

オオハサミムシ
海岸や河原、畑の石やごみの下にすみます。■オオハサミムシ科 ■18〜30mm ■本州、四国、九州

クギヌキハサミムシ
木の上や山地の石の下にすみ、オスのはさみはクギヌキのような形をしています。後ろばねが退化しており、飛べません。■クギヌキハサミムシ科 ■21〜36mm ■北海道、本州

コブハサミムシ
山地の草木の上などにすみます。オスのはさみは3つの形が知られています。■クギヌキハサミムシ科 ■12〜20mm ■北海道〜九州

▲コブハサミムシやキバネハサミムシの母親は、ふ化した幼虫に自分の体を食べさせる。

シラミ、チャタテムシのなかま

体長は0.5〜10mmほどです。ハジラミの多くは鳥に寄生し、シラミはほ乳類に寄生して血を吸います。人に寄生するものをヒトジラミといい、髪の毛につくアタマジラミと衣服につくコロモジラミがいます。チャタテムシは長い触角をもっており、カビや地衣類などを食べています。家の中にすむ種類もいます。

▲アタマジラミの拡大写真。

▲衣服についたコロモジラミ。

▲草の茎の上にいるオオチャタテ。

ガロアムシのなかま

原始的な昆虫で、「生きた化石」といわれ、幼虫も成虫も同じ形をしています。はねはなく、体がやわらかく、地中にもぐるのに適した体をしています。

ガロアムシ
山地の森の石やこけの下で、くらしています。■ガロアムシ科 ■20〜30mm ■本州、四国、九州

アザミウマのなかま

体長が2mm前後と小さく、目立たない昆虫ですが、農作物の汁を吸うため害虫として知られています。種類が多く、菌類などを食べるものもいます。

◀イタヤカエデの上のクロトンアザミウマ。

トビムシ、コムシのなかま

もっとも原始的な昆虫です。土の中などにすみ、はねはなく幼虫も成虫も同じ形です。昆虫とは別のグループであるとされることもあります。

▲地面を歩くオオトゲトビムシ。

▲土の中にいるウロコナガコムシ。

シミのなかま

原始的な昆虫で、はねはなく、幼虫と成虫で形が変わりません。体長は約10mmほどで、本をぼろぼろにしてしまう害虫として知られています。

▲家の中にいるヤマトシミ。

イシノミのなかま

原始的な昆虫で、はねはなく、幼虫と成虫で形が変わりません。体長は10〜15mmで、屋外の岩や石垣などにすんでいて、藻などを食べます。おどろくと腹部で地面をたたき、とびはねます。

▲ブロック塀を歩くヤマトイシノミ。

マメ知識 ゴキブリのなかまは、恐竜がさかえていた時代よりもずっと古い、3億年前からいたといわれ、「生きた化石」とよばれます。

クモのなかま

クモのなかまは、大きく分けると昆虫と同じ節足動物というグループにふくまれますが、昆虫ではありません。体のつくりやあしの数も、昆虫とはちがいます。1300種類以上いますが、クモのなかまはみな、体から糸を出すことができるのが大きな特ちょうです。この糸を使って網（クモの巣）を張るのは有名ですが、網を張らないクモもたくさんいます。

クモの食べもの

ほとんどのクモは肉食で、昆虫やほかのクモなどをつかまえて食べます。つかまえた獲物は、そのまま食べるのではなく、相手の体に消化液を注入し、とかしておいてから吸いこみます。

網を張らずに獲物をとる

網を張らないクモは、植物の葉の上などで待ちぶせしたり、動きまわったりして獲物をさがします。そして、獲物を見つけると、すばやく飛びかかってとらえるのです。網は張りませんが、移動するときはつねに糸を出しながら歩いています。この糸のおかげで、危険がせまったときは地上にジャンプして逃げることができます。

▲アマガエルをとらえるイオウイロハシリグモ。

▲円網のまんなかで獲物を待つナガコガネグモ。

▲卵のうをつくるナガコガネグモ。

糸のいろいろな使い方

クモのなかまは、網を張る以外にも、いろいろなことに糸を利用しています。たとえば、クモのメスは卵を産むと、糸で何重にもくるんで、「卵のう」とよばれる袋をつくります。こうすることで、卵を守っているのです。

網にかくされたひみつ

クモが張る網の形は、種類によってちがいます。円網といわれる網の場合、ねばねばした横糸と、ねばつきのないたて糸からできています。クモが網の上を移動するときは、たて糸を伝うので、自分の網にかかることはありません。まんなかの太くて白い部分は「かくれ帯」とよばれます。円網を張るクモのなかでも、かくれ帯の形は種類によってちがいます。

糸を使えば空もとべる

ふ化していっせいに卵のうから出た子グモは、数日間から1週間ほど集団生活を送ります。これを「まどい」といいます。まどいの期間が終わると、子グモたちはそれぞれ独立していきますが、このとき、空中に向け糸を出して風にのり、空をとぶ姿が見られます。

◀つかまえたトンボに糸を巻きつけるナガコガネグモ。

▼ナガコガネグモの子グモたちのまどい。

▼糸を出して、空中へとびだそうとするクサグモのなかま。

網を張って獲物を待ちかまえる

クモの網は、獲物をつかまえるためのわなのはたらきをします。ねばつく網に獲物がかかると、その振動を感じ取ったクモがすばやく近づき、体から出す糸で動けなくしてしまいます。

クモのなかま

昆虫の体が3つに分かれているのに対して、クモの体は2つに分かれています。あしの数も、昆虫の3対6本に対して、クモは4対8本あります。またクモには触角がなく、はねもありません。

※ ├──┤ は実際の大きさをあらわしています。

- 糸いぼ
腹部の先にある、糸を出すための器官。3対6個ついている。
- 口
するどいきばがあり、ここから獲物の体に毒を注入して、まひさせる。
- 触肢
頭胸部の先にあり、ヒトでいう手のような役目をする。
- 単眼
クモには複眼はなく、ほとんどが8個の単眼をもっている。

腹部
頭胸部

コガネグモ
背の高い草の生えたところにすみ、網にX字形のかくれ帯をつけます。■コガネグモ科 ♂5〜7mm ♀20〜30mm ■6〜8月 ■本州、四国、九州、南西諸島

オニグモ
人家の軒先や街灯などに網を張り、夜だけ網に出てきます。■コガネグモ科 ♂15〜20mm ♀20〜30mm ■6〜10月 ■北海道〜南西諸島

ジョロウグモ
網は大きくて目が細かく、音楽の五線紙のように見えます。■ジョロウグモ科 ♂6〜10mm ♀17〜30mm ■8〜12月 ■本州、四国、九州、南西諸島

トリノフンダマシ
昼は葉の裏でじっとしていて、夜、湿度が高くなると網を張ります。■コガネグモ科 ♂1〜2.5mm ♀8〜10mm ■7〜9月 ■本州、四国、九州

人でも命を落とすことがあるほどの強い毒をもつ。

セアカゴケグモ 外来種
外国から来たクモです。毒が強いので、さわらないよう注意が必要です。■ヒメグモ科 ♂3.5〜6mm ♀7〜10mm ■一年中 ■本州、沖縄島

オオジョロウグモ
網を張るクモでは日本最大です（大きいのはメスだけでオスは小さい）。■ジョロウグモ科 ♂7〜10mm ♀35〜50mm ■7〜12月 ■南西諸島

コガネヒメグモ
金色のあざやかなクモですが、刺激すると地味な色に変わります。■ヒメグモ科 ♂3.3〜5mm ♀4.2〜7.7mm ■6〜9月 ■本州、四国、九州、南西諸島

オオヒメグモ
縁の下や屋外トイレなどの人工物に、ごちゃごちゃした網を張ります。■ヒメグモ科 ♂2.2〜4.1mm ♀5.1〜8mm ■一年中 ■北海道〜南西諸島

アカイソウロウグモ
ほかのクモの網で生活し、餌を盗んだり、網の主といっしょに食べたりします。■ヒメグモ科 ♂3.6〜4.2mm ♀3.8〜6.2mm 7〜10月 本州、四国、九州、南西諸島

ヤリグモ
ほかのクモの網に侵入し、すきをねらってそのあるじをおそって食べます。■ヒメグモ科 ♂6〜8mm ♀6〜11mm 5〜10月 北海道〜九州

ヒトエグモ
たいへん平たい体をしており、古い寺や民家で見つかります。■ヒラタグモ科 ♂5〜8mm ♀6.1〜8mm 6〜10月 本州(近畿地方)

▲横から見たところ。

ミズグモ 絶滅危惧種
水中で獲物をとらえ、糸でつくった空気のドームに運んで食べます。■ナミハグモ科 ♂8〜15mm 一年中 北海道、本州、九州（本州、九州ではとてもめずらしい）

> イソウロウグモのなかまやヤリグモは、ほかのクモの網に入りこむ。

オナガグモ
数本の糸を張り、それをたどって歩いてくるクモをとらえて食べます。■ヒメグモ科 ♂12〜25mm ♀25〜30mm 5〜8月 本州、四国、九州、南西諸島

ガザミグモ
前の2対のあしは太くてがんじょうです。腹部がおもしろい形をしています。■カニグモ科 ♂3.6〜5.3mm ♀8.5〜12.1mm 5〜10月 北海道〜九州

ササグモ
草原にすんでいるクモで、あしにたくさんのとげが生えています。■ササグモ科 ♂7〜9mm ♀9〜11mm 6〜10月 北海道〜南西諸島

アリグモ
アリにそっくりな姿をしていますが、アリとの関係はわかっていません。■ハエトリグモ科 ♂♀5.8〜8mm 5〜9月 北海道〜九州

ワカバグモ
きれいな緑色をしていて、葉の上でじっとしていることが多い種類です。■カニグモ科 ♂6〜11mm ♀9〜12mm 4〜8月 北海道〜九州

コラム向 投げなわで獲物をとるクモ
クモのなかまは、糸をじょうずに使って獲物をつかまえますが、ムツトゲイセキグモは、とてもめずらしい糸の使い方をします。ねばねばした液体を糸の先に球状にくっつけ、まるでカウボーイの投げなわのように足でふりまわして、獲物をとらえるのです。

ネコハエトリ
オスどうしがよくたたかうことから、クモのけんか遊びに使われます。■ハエトリグモ科 ♂♀7〜13mm 5〜8月 北海道〜九州

キムラグモ 絶滅危惧種
腹部に体節のなごりがあり、生きている化石といわれています。■ハラフシグモ科 ♂♀9〜13mm 一年中 九州（鹿児島県）

ジグモ
木の根元や壁ぎわの地面などに筒状の巣をつくって、ひそんでいます。■ジグモ科 ♂10〜15mm ♀12〜20mm 一年中 北海道〜九州

 マメ知識 かくれ帯のはたらきについては、紫外線を反射して獲物をおびきよせる、網を補強するなどの説がありますが、よくわかっていません。

ダンゴムシ、ムカデなどのなかま

ダンゴムシのなかま

ダンゴムシは昆虫ではなく、エビやカニなどと同じ甲殻類です。あしは14本（7対）あり、危険を感じるとだんごのように丸くなって身を守ります。

オカダンゴムシ
●10〜14mm ●北海道〜南西諸島

ワラジムシ
ダンゴムシとよく似ていますが、丸くなりません。●10〜12mm ●北海道、本州（中部地方以北）

森のそうじ屋さん
ダンゴムシは、落ち葉や虫の死がいなどを食べます。ダンゴムシが食べたあとの落ち葉は微生物に分解されやすくなり、土の養分が豊かになります。

ムカデのなかま
ひじょうに多くのあしをもっています。あしの数は種類によって異なります。きばに毒があり、昆虫などをつかまえて食べます。

ヤスデのなかま

ヤスデのなかまは、菌類やかれ葉などを食べます。動きはあまり速くなく、つつかれると体からにおいのする液を出します。

ヤケヤスデ
人家の庭などでよく見られます。●20mm前後 ●6〜10月 ●北海道〜南西諸島

ダニのなかま
ダニはクモにちかいなかまで、ほとんどの種類はひじょうに小さいため、肉眼ではなかなか見えません。ヒトの血を吸うものや、植物につくものなど、さまざまな種類がいます。

イエダニ
ヒトの血を吸うダニです。病気を媒介することもあり、注意が必要です。●0.7mm前後 ●北海道〜南西諸島

ヤマトマダニ
大型のダニで、ヒトや動物の血を吸います。一度吸血をはじめると、数週間はなれません。●2〜3mm ●北海道〜南西諸島

トビズムカデ
ゴキブリやバッタなどを食べます。●80〜150mm ●本州（東北地方以南）、四国、九州、南西諸島

ゲジ
30本のあしをもち、ひじょうに速く移動します。ゴキブリなどを食べます。●25〜30mm ●北海道〜南西諸島

●体長　●成虫が見られるおもな時期　●分布

種名さくいん

この図鑑に出てくる昆虫や、そのほかの動物の名前（和名）を五十音順で掲載しています。くわしいデータが書かれているページは、ページ数を太字であらわしています。

ア

- アイヌキンオサムシ……43
- アイノミドリシジミ……93
- アウレウスキンイロコガネ……38
- アオアシナガハナムグリ……37
- アオイトトンボ……141
- アオイラガ……106
- アオウバタマムシ……52
- アオオサムシ……43
- アオカナブン……36
- アオカミキリモドキ……59
- アオクサカメムシ……170
- アオクチブトカメムシ……168,171
- アオゴミムシ……44
- アオサナエ……143
- アオジョウカイ……53
- アオスジアゲハ……78,81
- アオスジカミキリ……63
- アオタテハモドキ……86
- アオドウガネ……36
- アオバアリガタハネカクシ……45
- アオバセセリ……95,108
- アオバナガクチキムシ……59
- アオバハゴロモ……185
- アオハムシダマシ……58
- アオマダラタマムシ……52
- アオマツムシ……158
- アオムシコマユバチ……115
- アオメアブ……132
- アオメガネトリバネアゲハ……109
- アカアシオオアオカミキリ……63
- アカアシクワガタ……30
- アカイエカ……133
- アカイソウロウグモ……191
- アカイラガ……108
- アカウシアブ……132
- アカウラカギバ……102
- アカエゾゼミ……181
- アカエリトリバネアゲハ……111
- アカオビカツオブシムシ……54
- アカガネサルハムシ……68
- アカギカメムシ……168,171
- アカクビナガハムシ……68
- アカコブコブゾウムシ……73
- アカシジミ……92
- アカシマサシガメ……172
- アカジマトラカミキリ……64
- アカスジカメムシ……170
- アカスジキンカメムシ……171
- アカタテハ……86
- アカネシャチホコ……104
- アカハナカミキリ……63
- アカハネナガウンカ……185
- アカハネムシ……59
- アカバハネカクシ……45
- アカボシゴマダラ……86
- アカマダラハナムグリ……37
- アカムシユスリカ……133
- アカメガネトリバネアゲハ……109
- アカヤマアリ……127
- アキアカネ……146
- アゲハチョウ……79,80
- アゲハヒメバチ……122
- アゲハモドキ……102
- アケビコノハ……101,108
- アサギマダラ……91,108
- アサヒナカワトンボ……140
- アサヒヒョウモン……87
- アサマイチモンジ……88
- アサマシジミ……94
- アジアイトトンボ……141
- アシグロツユムシ……157
- アシナガアリヅカムシ……45
- アシナガオトシブミ……74
- アシナガオニゾウムシ……73
- アシナガムシヒキ……17,132
- アシビロヘリカメムシ……172
- アシブトハナアブ……132
- アシマダラブユ……133
- アズサキリガ……101
- アズマオオズアリ……127
- アタマジラミ……187
- アトコブゴミムシダマシ……59
- アトジロサビカミキリ……64
- アトホシハムシ……69
- アトラスオオカブト……25
- アブラゼミ……178,180
- アマミシカクワガタ……31
- アマミナナフシ……165

193

アマミニセクワガタカミキリ	62	ウスバキトンボ	147
アマミノコギリクワガタ	31	ウスバシロチョウ	82
アマミマルバネクワガタ	30	ウスバツバメガ	106
アミメアリ	127	ウスバフユシャク	102
アミメオオエダシャク	102	ウスモンオトシブミ	74
アミメクサカゲロウ	136	ウスモンヒラタハバチ	122
アメンボ	49,174,176	ウズラカメムシ	170
アリガタハネカクシ	45	ウチワヤンマ	143
アリグモ	191	ウバタマコメツキ	53
アリヅカコオロギ	158	ウバタマムシ	52
アリモドキゾウムシ	73	ウマノオバチ	122
アルボプンクタータオオイナズマ	111	ウラキンシジミ	79,92
アルマンアナバチ	121	ウラギンシジミ	92
アレクサンドラトリバネアゲハ	110	ウラギンスジヒョウモン	87
アンタエウスオオクワガタ	33	ウラギンヒョウモン	87
		ウラクロシジミ	92
		ウラゴマダラシジミ	92
		ウラジャノメ	89

イ

イエシロアリ	129	ウラジロミドリシジミ	93
イエダニ	192	ウラナミアカシジミ	92
イエバエ	130,133	ウラナミシジミ	94
イオウイロハシリグモ	188	ウラナミジャノメ	89
イカリモンガ	102	ウラナミシロチョウ	84
イザベラミズアオ	113	ウラミスジシジミ	92
イシガキゴマフカミキリ	64	ウラモジタテハのなかま	112
イシガケチョウ	88	ウリハムシ	69
イセリアカイガラムシ	185	ウロコアリ	127
イタドリハムシ	69	ウロコナガコムシ	187
イタヤハマキチョッキリ	74	ウンモンスズメ	79
イチモンジカメノコハムシ	69	ウンモンテントウ	58

エ

イチモンジセセリ	95	エグリデオキノコムシ	45
イチモンジチョウ	88	エグリトビケラ	137
イッシキキモンカミキリ	65	エグリトラカミキリ	64
イネカメムシ	170	エゴツルクビオトシブミ	74
イネクビボソハムシ	68	エゴヒゲナガゾウムシ	74
イブシキンオサムシ	43	エサキアメンボ	176
イボカブリモドキ	44	エサキモンキツノカメムシ	168,172
イボタガ	104	エゾカタビロオサムシ	43
イボバッタ	154	エゾシロチョウ	84
イワサキクサゼミ	181	エゾゼミ	181
イワタギングチ	121	エゾチッチゼミ	182
		エゾトンボ	148

ウ

ウォーレスシロスジカミキリ	66	エゾハルゼミ	181
ウシカメムシ	170	エゾミドリシジミ	93
ウスイロオナガシジミ	92	エゾヨツメ	98
ウスイロササキリ	156	エダナナフシ	164,165
ウスキシロチョウ	84	エビイロカメムシ	170
ウスタビガ	99	エビガラスズメ	100
ウスバカゲロウ	134,136	エラフスホソアカクワガタ	33
ウスバカマキリ	162	エルタテハ	85
ウスバカミキリ	62	エントツドロバチ	120
ウスバキチョウ	82		

エンマコオロギ	158
エンマムシモドキ	45

オ

オオアオゾウムシ	72
オオアカカメムシ(→ジンメンカメムシ)	173
オオアメンボ	176
オオイチモンジ	88
オオウラギンスジヒョウモン	87
オオウラギンヒョウモン	87
オオエンマハンミョウ	44
オオオサムシ	43
オオオビハナノミ	59
オオカバマダラ	111
オオカマキリ	160,161,162
オオキノコムシ	54
オオキノメイガ	107
オオキバウスバカミキリ	66
オオキバハネカクシ	45
オオキベリアオゴミムシ	44
オオキボシハナノミ	59
オオキンカメムシ	171
オオクシヒゲコメツキ	53
オオクチキムシ	58
オオクモヘリカメムシ	172
オオクラカケカワゲラ	151
オオクロバエ	132
オオクワガタ	29
オオコオイムシ	177
オオゴキブリ	186
オオコクヌスト	54
オオコノハムシ	14,166
オオゴマシジミ	94
オオゴマダラ	91
オオゴモクムシ	44
オオシオカラトンボ	147
オオシマゼミ	182
オオシモフリスズメ	100
オオジョロウグモ	190
オオシロカゲロウ	150
オオシロカミキリ	65
オオシロフクモバチ	120
オオスカシバ	100
オオスズメバチ	17,114,118
オオスミヒゲナガカミキリ	65
オオセイボウ	122
オオセンチコガネ	35
オオゾウムシ	73
オオタマムシ	55
オオチャイロハナムグリ	37
オオチャタテ	187
オオチャバネセセリ	95
オオチョウバエ	133
オオツヅリガ	107
オオツマグロハバチ	122
オオトゲトビムシ	187
オオトックリゴミムシ	44
オオトビサシガメ	172
オオトモエ	101
オオトラカミキリ	64
オオトラフハナムグリ	37
オオナガコメツキ	53
オオニジュウヤホシテントウ	58
オオハキリバチ	123
オオハサミムシ	187
オオハヤバチ	121
オオヒカゲ	89
オオヒゲブトハナムグリ	37
オオヒサシカブト(→オオヒサシサイカブト)	24
オオヒサシサイカブト	24
オオヒメグモ	190
オオヒメハナカミキリ	63
オオヒョウタンゴミムシ	44
オオヒラタエンマムシ	45
オオヒラタシデムシ	45
オオフタオビドロバチ	115
オオフタホシマグソコガネ	35
オオヘリカメムシ	172
オーベルチュールオオツノカナブン	39
オオホシオナガバチ	122
オオホシカメムシ	172
オオマグソコガネ	35
オオマドボタル	51
オオミズアオ	99
オオミスジ	88
オオミズスマシ	46,48
オオミドリシジミ	93
オオミノガ	105
オオムラサキ	78,86
オオモモブトシデムシ	45
オオモンキカスミカメ	171
オオモンクロクモバチ	120
オオモンツチバチ	120
オオヤマカワゲラ	151
オオヤマトンボ	148
オオヨコバイ	185
オオヨツボシゴミムシ	44
オオルリアゲハ	109
オオルリオサムシ	43
オオルリコンボウハバチ	122
オオルリタマムシ	55
オオルリハムシ	68
オオワラジカイガラムシ	185
オガサワラアオイトトンボ	141
オガサワラシジミ	94
オガサワラタマムシ	52
オガサワラハンミョウ	42

オカダンゴムシ	192
オキナワマルバネクワガタ	30
オキナワルリチラシ	106
オサムシモドキ	44
オジロアシナガゾウムシ	73
オトシブミ	71,74
オナガアゲハ	80
オナガグモ	191
オナガササキリ	156
オナガサナエ	143
オナガシジミ	92
オナガミズアオ	79
オニグモ	190
オニクワガタ	31
オニホソコバネカミキリ	63
オニヤンマ	138,139,144
オバケトビナナフシ	166
オバボタル	51
オビガ	103
オビモンハデルリタマムシ	55
オプティマプラチナコガネ	13,38
オンブバッタ	154

カ

カイコガ	104
ガガンボモドキ	11,137
カギバアオシャク	102
ガザミグモ	191
ガゼラツヤクワガタ	33
カタモンオオキノコムシ	54
カトリヤンマ	145
カナブン	36
カニムシ	67
カネタタキ	158
カノコガ	103
カバマダラ	91
カブトムシ	20,21,22
カマキリ（→チョウセンカマキリ）	162
カミムラカワゲラ	151
ガムシ	46,47,**48**,49
カメノコテントウ	58
カヤキリ	156
カラカネハナカミキリ	63
カラスアゲハ	81
カラスシジミ	93
カラスヤンマ	145
カラスヨトウ	101
カラマツツヤツバキクイムシ	74
カレハガ	104
カレハバッタ	159
ガロアムシ	187
カワラゴミムシ	42
カワラバッタ	153,155
カワラハンミョウ	42
カンタン	158

キ

キアゲハ	76,77,79,**80**,108
キアシナガバチ	119
キアシハナダカバチモドキ	121
キアシブトコバチ	122
キイトトンボ	141
キイロカミキリモドキ	59
キイロゲンセイ	59
キイロサシガメ	172
キイロショウジョウバエ	133
キイロスジボタル	51
キイロスズメバチ	114,118
キイロテントウ	58
キイロトラカミキリ	64
キイロヒラタカゲロウ	150
キエリアブラゼミ	183
キオビエダシャク	102
キオビクモバチ	120
キオビツチバチ	120
キオビホオナガスズメバチ	119
キオビミズメイガ	107
ギガスオオアリ	128
キクビアオハムシ	69
キクビスカシバ	107
キゴシジガバチ	121
キシタバ	101
キジマクサアブ	132
キシモアリガタバチ	122
キスジトラカミキリ	64
キタキチョウ	83
キタスカシバ	107
キタテハ	85
キタマイマイカブリ	43
キノコゴミムシ	44
キノコヒゲナガゾウムシ	74
キバネアシブトマキバサシガメ	172
キバネセセリ	95
キバネツノトンボ	136
キバラガガンボ	133
キハラゴマダラヒトリ	103
キバラヘリカメムシ	172
ギフチョウ	79,82
キベリタテハ	85
キボシアシナガバチ	119
キボシカミキリ	65
キマダラカミキリ	63
キマダラセセリ	95
キマダラモドキ	90
キマダラルリツバメ	93
キマワリ	58

キムネクマバチ	123
キムラグモ	191
キョウチクトウスズメ	100
ギラファノコギリクワガタ	32
キリシマミドリシジミ	93
キロンオオカブト(→コーカサスオオカブト)	25
ギンイチモンジセセリ	95
キンイロジョウカイ	53
キンオニクワガタ	31
キンスジコガネ	36
キンヘリタマムシ	52
ギンボシヒョウモン	87
キンモウアナバチ	121
ギンヤンマ	49,139,144

ク

クギヌキハサミムシ	187
クサカゲロウ	135
クサギカメムシ	170
クサキリ	156
クサグモのなかま	189
クサヒバリ	158
クシヒゲベニボタル	53
クジャクチョウ	77,85
クスサン	**98**,108
クチキクシヒゲムシ	53
クツワムシ	157
クヌギシギゾウムシ	72
クビアカサシガメのなかま	11
クビアカスカシバ	107
クビキリギス	156
クビナガムシ	59
クビボソツヤクワガタ	34
クマゼミ	181
クモガタヒョウモン	87
クモマツマキチョウ	84
クモマベニヒカゲ	89
クラウディナミイロタテハ	112
グラビゲールタテヅノカブト	24
グラントシロカブト	24
クリオオアブラムシ	184
クリシギゾウムシ	72
クルマバッタ	154
クルマバッタモドキ	154
クルミハムシ	68
クロアゲハ	80
クロアナバチ	121
クロイトトンボ	141
クロイワゼミ	182
クロウリハムシ	69
クロオオアリ	124,125,126,127
クロオサムシ	43
クロオビヒゲブトオサムシ	42
クロカタゾウムシ	72
クロカタビロオサムシ	43
クロカナブン	36
クロカミキリ	62
クロクサアリ	127
クロコガネ	36
クロゴキブリ	186
クロコノマチョウ	90
クロシギアブ	132
クロシジミ	94
クロシデムシ	45
クロジュウジホシカメムシ	172
クロスジギンヤンマ	145
クロスジツトガ	107
クロスズメバチ	119
クロセセリ	95
クロタマムシ	52
クロツバメ	106
クロツヤハネカクシ	45
クロトンアザミウマ	187
クロナガアリ	127
クロナガオサムシ	43
クロナガタマムシ	52
クロハナムグリ	37
クロヒカゲ	90
クロヒカゲモドキ	90
クロヒゲカワゲラ	151
クロフヒゲナガゾウムシ	74
クロボシシロオオシンクイ	105
クロマダラツトガ	107
クロマルエンマコガネ	35
クロマルコガネ	22
クロマルハナバチ	123
クロミドリシジミ	93
クロメンガタスズメ	100
クロモンベニオウサムカシタマムシ	55
クロヤマアリ	127
クロルリトゲハムシ	69
クワガタマルカメムシ	173
クワカミキリ	65
クワコ	104
クワノメイガ	107
グンタイアリ	128
グンバイトンボ	141

ケ

ケアシツノカナブン	39
ゲジ	192
ケラ	158
ゲンゴロウ	46,47,48,49
ゲンジボタル	50,51
ケンタウルスオオカブト	25
ケンランカマキリ	13

コ

- コアオハナムグリ･････････････････････････････ 37
- コアシナガバチ･････････････････････････････ 119
- ゴイシシジミ･････････････････････････････････ 92
- コウグンシロアリ･･････････････････････････ 129
- コウモリガ･････････････････････････････････ 105
- コエゾゼミ･････････････････････････････････ 181
- コオイムシ･･････････････････････････････ 49,177
- コーカサスオオカブト･････････････････････････ 25
- コオニヤンマ･･････････････････････････････ 143
- コガシラクワガタ･･･････････････････････････ 34
- コガシラミズムシ･････････････････････････････ 48
- コガタガムシ･････････････････････････････････ 48
- コガタスズメバチ･･････････････････････････ 118
- コガネオサムシ･･･････････････････････････････ 44
- コガネグモ･････････････････････････････････ 190
- コガネコメツキ･･･････････････････････････････ 53
- コガネヒメグモ････････････････････････････ 190
- コガネムシ･･･････････････････････････････････ 36
- コカブトムシ･････････････････････････････････ 22
- コカマキリ･････････････････････････････････ 162
- コキマダラセセリ･････････････････････････････ 95
- コクゾウムシ･････････････････････････････････ 73
- コクロシデムシ･･･････････････････････････････ 45
- コクワガタ･･･････････････････････････････････ 29
- コケエダナナフシ････････････････････････････ 167
- コゲチャトゲフチオオウスバカミキリ･･･････ 62
- コケツユムシ･････････････････････････････････ 14
- コサナエ･･･････････････････････････････････ 143
- コシアキトンボ･･････････････････････････････ 147
- コシボソヤンマ･･････････････････････････････ 145
- コジャノメ･･･････････････････････････････････ 90
- コセアカアメンボ････････････････････････････ 176
- コチャバネセセリ･････････････････････････････ 95
- コツバメ･････････････････････････････････････ 93
- コナラシギゾウムシ･･････････････････････････ 70
- コノシメトンボ････････････････････････････ 147
- コノハゼミ･････････････････････････････････ 183
- コノハチョウ･･････････････････････････････ 77,86
- コノハツユムシ････････････････････････････ 159
- コバネイナゴ･･････････････････････････････ 155
- コバネカミキリ･･･････････････････････････････ 62
- コヒオドシ･････････････････････････････････ 86
- コヒョウモン･･･････････････････････････････ 87
- コヒョウモンモドキ･････････････････････････ 85
- コフキコガネ･････････････････････････････････ 36
- コフキゾウムシ･･･････････････････････････････ 72
- コブスジツノゴミムシダマシ････････････････ 58
- コブナナフシ･･････････････････････････････ 165
- コブハサミムシ････････････････････････････ 187
- コブマルエンマコガネ･･･････････････････････ 35
- コブヤハズカミキリ･･････････････････････････ 65
- ゴホンダイコクコガネ･･･････････････････････ 35
- ゴホンヅノカブト･･･････････････････････････ 25
- ゴマケンモン･････････････････････････････････ 97
- ゴマシジミ･･･････････････････････････････････ 94
- コマダラウスバカゲロウ･････････････････････ 15
- ゴマダラオトシブミ･････････････････････････ 74
- ゴマダラカミキリ･････････････････････････････ 64
- ゴマダラチョウ･･･････････････････････････････ 86
- ゴマフカミキリ･･･････････････････････････････ 64
- コマルハナバチ････････････････････････････ 123
- コミスジ･････････････････････････････････････ 88
- コミズムシ･････････････････････････････････ 177
- コムラサキ･･･････････････････････････････････ 86
- コモンタイマイ･･･････････････････････････････ 82
- コモンツチバチ････････････････････････････ 120
- コヤツボシツツハムシ･･･････････････････････ 68
- コヤマトンボ･･････････････････････････････ 148
- ゴライアスオオツノハナムグリ･････････････ 38
- コルリクワガタ･･･････････････････････････････ 31
- コロギス････････････････････････････････ 16,157
- コロモジラミ･･････････････････････････････ 187

サ

- サイカブトムシ･･･････････････････････････････ 22
- サカダチコノハナナフシ････････････････ 16,166
- サカハチチョウ･･････････････････････････ 78,85
- サキシママドボタル･･････････････････････････ 51
- ササキリ･･･････････････････････････････････ 156
- ササグモ･･･････････････････････････････････ 191
- サザナミマラガシーハナムグリ･････････････ 38
- サタンオオカブト･････････････････････････････ 24
- サツマゴキブリ････････････････････････････ 186
- サツマニシキ･･････････････････････････････ 106
- サトキマダラヒカゲ･･････････････････････････ 90
- サトクダマキモドキ･････････････････････････ 157
- サトジガバチ･･････････････････････････････ 121
- サトセナガアナバチ････････････････････････ 121
- サビキコリ･･･････････････････････････････････ 53
- サファイアカメムシ････････････････････････ 173
- サムライアリ･･････････････････････････ 126,127
- サラサヤンマ･･････････････････････････････ 145
- サラサリンガ･･････････････････････････････ 101
- サルオガセギス････････････････････････････ 159
- ザルモクシスオオアゲハ････････････････････ 112

シ

- シータテハ･･･････････････････････････････････ 85
- シオカラトンボ･･･････････････････････････ 138,146
- シカツノバエ･････････････････････････････････ 9
- ジグモ･････････････････････････････････････ 191
- シタキモモブトスカシバ･･･････････････････ 107
- シナヒラタハナバエ････････････････････････ 132
- シバスズ･･･････････････････････････････････ 158

シマアメンボ	176
シマゲンゴロウ	48, 49
シモフリコノハギス	14
シャープゲンゴロウモドキ	48
ジャコウアゲハ	82
シャチホコガ	104
ジャノメチョウ	89
ジュウサンホシテントウ	58
ジュウジアトキリゴミムシ	44
十七年ゼミ	183
ジュウジナガカメムシ	171
ジュウシホシクビナガハムシ	68
ジョウカイボン	53
ジョウザンヒトリ	103
ジョウザンミドリシジミ	93
ショウリョウバッタ	154
ジョロウグモ	190
シラオビシデムシモドキ	45
シラホシカミキリ	60, 65
シラホシナガタマムシ	52
シラホシハナノミ	59
シラホシハナムグリ	37
シリアゲコバチ	122
シリジロヒゲナガゾウムシ	74
シロアナアキゾウムシ	73
シロオビアゲハ	81
シロオビアワフキ	185
シロオビナカボソタマムシ	52
シロオビノメイガ	107
シロオビハラナガツチバチ	120
シロオビヒカゲ	89
シロオビヒメヒカゲ	89
シロコブゾウムシ	72
シロシタバ	101
シロシタホタルガ	108
シロシタマイマイ	103
シロスジカミキリ	60, 61, 62
シロスジコガネ	37
シロテンハナムグリ	37
シロヒトリ	103
シロフフユエダシャク	15
シロヘリクチブトカメムシ	171
シロヘリナガカメムシ	171
シロモンオオヒゲナガゾウムシ	74
シロヤヨイヒメハナバチ	123
ジンガサハムシ	69
シンジュキノカワガ	101
シンジュサン	98
ジンメンカメムシ	173

ス

スカシカギバ	102
スカシヒロバカゲロウ	136
スギカミキリ	64
スギタニルリシジミ	94
スキバドクガ	103
スグリゾウムシ	72
スケバハゴロモ	185
スゲハムシ	68
スコエンヘルホウセキゾウムシ	75
スジアオゴミムシ	44
スジグロカバマダラ	91
スジグロシロチョウ	83
スジグロチャバネセセリ	95
スジクワガタ	30
スジコガネ	36
スジブトヒラタクワガタ	30
スジボソヤマキチョウ	83
スジモンヒトリ	103
スズバチ	120
スズムシ	153, 158
スナゴミムシダマシ	58
スネケブカヒロコバネカミキリ	63
スネゲフサヒゲサシガメ	173
スミナガシ	88, 108

セ

セアカクロキノコバエ	133
セアカゴケグモ	190
セアカナガクチキムシ	59
セアカフタマタクワガタ(→パリーフタマタクワガタ)	32
セイヨウミツバチ	116, 123
セグロアシナガバチ	119
セスジスカシバ	107
セスジスズメ	100
セスジツユムシ	157
セスジハリバエ	133
セダカオサムシ	43
セッケイカワゲラ(→ユキクロカワゲラ)	151
ゼブラノコギリクワガタ	33
セマダラマグソコガネ	35
セミヤドリガ	106
センチコガネ	35
センチニクバエ	133
センブリ	136

ソ

ゾウカブト	24
ソラマメヒゲナガアブラムシ	184, 185

タ

- タイコウチ 177
- ダイコクコガネ 35
- タイショウオサゾウムシ 75
- ダイセツタカネヒカゲ 89
- タイタンオオウスバカミキリ 66
- ダイトウヒメハルゼミ 181
- ダイミョウキマダラハナバチ 123
- ダイミョウコメツキ 53
- ダイミョウセセリ 95
- タイワンウチワヤンマ 143
- タイワンオオテントウダマシ 54
- タイワンカブトムシ(→サイカブトムシ) 22
- タイワンシロチョウ 84
- タイワンハムシ 69
- タイワンヒグラシ 182
- タカサゴシロアリ 129
- タカネトンボ 148
- タカネヒカゲ 89
- タカネルリクワガタ 31
- タカハシトゲゾウムシ 73
- タガメ 49, 175, 177
- タケトラカミキリ 64
- タテジマカミキリ 64
- タテスジハンミョウ 42
- タテハモドキ 86
- タニヒラタカゲロウ 150
- タバコシバンムシ 54
- ダビドサナエ 143
- タマナヤガ 101
- タマムシ 52
- タランドゥスオオツヤクワガタ 34

チ

- チェケニィウスバ 111
- チッチゼミ 182
- チビクワガタ 29
- チャイロスズメバチ 119
- チャイロチョッキリ 74
- チャイロマルバネクワガタ 30
- チャケブカゾウムシ 75
- チャドクガ 103
- チャバネアオカメムシ 170
- チャバネゴキブリ 186
- チャバネセセリ 95
- チャバネフユエダシャク 97
- チャハマキ 105
- チャマダラエダシャク 102
- チャマダラセセリ 95
- チュウベイアシナガサシガメ 173
- チョウセンカマキリ 162
- チョウセンケナガニイニイ 181
- チョウトンボ 147
- チリオサムシ 44
- チリクワガタ(→コガシラクワガタ) 34

ツ

- ツクツクボウシ 182
- ツシマカブリモドキ 43
- ツシマヘリビロトゲハムシ 69
- ツチイナゴ 155
- ツツジグンバイ 171
- ツヅレサセコオロギ 158
- ツノアオカメムシ 170
- ツノアツノカメムシ 172
- ツノクロツヤムシ 45
- ツノコガネ 35
- ツノゼミ 185
- ツノトンボ 136
- ツバキシギゾウムシ 72
- ツバメシジミ 94
- ツマアカセイボウ 122
- ツマキチョウ 84
- ツマキツチバチ 120
- ツマキホソハマキモドキ 105
- ツマグロオオヨコバイ 185
- ツマグロキチョウ 83
- ツマグロスズメバチ 119
- ツマグロゼミ 180
- ツマグロツツカッコウムシ 54
- ツマグロツツシンクイ 54
- ツマグロバッタ 155
- ツマグロヒョウモン 87
- ツマジロウラジャノメ 89
- ツマジロカメムシ 170
- ツマベニチョウ 84, 108
- ツマムラサキマダラ 91
- ツマモンヒゲナガ 105
- ツムギアリ 11, 128
- ツヤハダクワガタ 30
- ツユムシ 157

テ

- テイオウゼミ 183
- テイオウムカシヤンマ 149
- ディディエールシカクワガタ 32
- ティフォンタマオシコガネ 38
- テシオキンオサムシ 43
- テナガオオサゾウムシ 75
- テナガカミキリ 67
- テングアワフキ 185
- テングスケバ 9
- テングチョウ 78, 87
- テントウムシ(→ナミテントウ) 58

ト

- ドウガネブイブイ……………………………………… 36
- トウキョウヒメハンミョウ………………………… 42
- ドクガ……………………………………………… 103
- トゲアリ…………………………………………… 127
- トゲナナフシ………………………………… 164,165
- トゲナナフシモドキ(→トゲナナフシ)………… 165
- トゲヒシバッタ…………………………………… 155
- トコジラミ………………………………………… 185
- トサササキリモドキ……………………………… 157
- トノサマバッタ…………………………… 152,153,154,155
- トビイロケアリ…………………………………… 127
- トビイロシワアリ………………………………… 127
- トビイロツノゼミ………………………………… 185
- トビエダカマキリ…………………………………… 8
- トビズムカデ……………………………………… 192
- トビモンオオエダシャク………………………… 102
- トホシオサゾウムシ……………………………… 73
- トモンハナバチ…………………………………… 123
- トラガ……………………………………………… 101
- トラフカミキリ……………………………………… 64
- トラフシジミ………………………………………… 93
- トラフトンボ……………………………………… 148
- トラフヒトリ……………………………………… 103
- トリノフンダマシ………………………………… 190
- ドロノキハムシ…………………………………… 68
- ドロハマキチョッキリ…………………………… 74
- トンボエダシャク………………………………… 102

ナ

- ナガアナアキゾウムシ……………………………… 73
- ナガカメネジレバネ……………………………… 137
- ナガコガネグモ……………………………… 188,189
- ナガサキアゲハ…………………………………… 81
- ナガチャコガネ…………………………………… 36
- ナカノホソトリバ………………………………… 105
- ナガヒョウホンムシ……………………………… 54
- ナガヒラタムシ…………………………………… 42
- ナガフトヒゲナガゾウムシ……………………… 74
- ナガメ……………………………………………… 170
- ナキイナゴ………………………………………… 155
- ナツアカネ………………………………………… 147
- ナナフシ(→ナナフシモドキ)…………………… 165
- ナナフシモドキ…………………………………… 165
- ナナホシキンカメムシ…………………………… 171
- ナナホシテントウ…………………………… 56,57,58
- ナミエシロチョウ………………………………… 84
- ナミガタチビタマムシ…………………………… 52
- ナミカバフドロバチ……………………………… 120
- ナミジガバチモドキ……………………………… 121
- ナミツチスガリ…………………………………… 121
- ナミテントウ………………………………… 56,58
- ナミルリモンハナバチ…………………………… 123
- ナンベイオオトノサマバッタ…………………… 159
- ナンベイオオヤガ………………………………… 113

ニ

- ニイニイゼミ……………………………………… 181
- ニケリーホウセキゾウムシ………………… 後ろ見返し
- ニジイロクワガタ………………………………… 34
- ニシキオオツバメガ……………………………… 113
- ニシキキンカメムシ……………………………… 169
- ニジゴミムシダマシ……………………………… 58
- ニセハネナガヒシバッタ………………………… 15
- ニッポンハナダカバチ…………………………… 121
- ニッポンヒゲナガハナバチ……………………… 123
- ニトベシロアリ…………………………………… 129
- ニホンキバチ……………………………………… 122
- ニホントビナナフシ……………………………… 165
- ニホンホホビロコメツキモドキ………………… 54
- ニホンミツバチ…………………………………… 123
- ニューギニアオオトビナナフシ………………… 167
- ニワハンミョウ…………………………………… 42
- ニンフホソハナカミキリ………………………… 63

ネ

- ネコノミ…………………………………………… 137
- ネコハエトリ……………………………………… 191
- ネッタイアカセセリ……………………………… 95
- ネッタイオオツノクモゾウムシ………………… 75
- ネプチューンオオカブト………………………… 24
- ネブトクワガタ…………………………………… 29

ノ

- ノコギリカミキリ………………………………… 62
- ノコギリカメムシ………………………………… 171
- ノコギリクワガタ………………………… 17,26,27,28
- ノブオオアオコメツキ…………………………… 53
- ノミバッタ………………………………………… 155

ハ

- ハイイロゲンゴロウ……………………………… 48
- ハイイロチョッキリ………………………… 9,70,74
- ハイイロヒラタチビタマムシ…………………… 52
- バイオリンムシ…………………………………… 44
- ハエトリバチ……………………………………… 121
- ハキリアリ………………………………………… 128
- ハグルマヤママユ………………………………… 99
- ハグロトンボ……………………………………… 140
- ハサミツノカメムシ……………………………… 172
- ハスジカツオゾウムシ…………………………… 73
- ハセガワトラカミキリ…………………………… 64

ハチジョウノコギリクワガタ	31
ハッカハムシ	68
バッタモドキヘリカメムシ	173
ハッチョウトンボ	148
ハナアブ	130,132
ハナカマキリ	163
ハナビラヒゲブトサシガメ	173
ハナムグリ	37
ハネナガイナゴ	155
ハネナシアメンボ	176
ハビロイトトンボ	149
パプアキンイロクワガタ	34
ハマスズ	153
ハヤシノウマオイ	157
ハラアカヤドリハキリバチ	123
ハラオカメコオロギ	158
ハラナガスズバチ	120
バラハキリバチ	123
ハラヒシバッタ	155
ハラビロカマキリ	162
ハラビロトンボ	147
パリーフタマタクワガタ	32
ハリオオビハナノミ	59
ハルゼミ	181
パンカブト(→パンサイカブト)	24
パンサイカブト	24
ハンノアオカミキリ	65
ハンミョウ	40,42

ヒ

ヒオドシチョウ	85
ヒカゲチョウ	90
ヒガシキリギリス	156
ヒカリコメツキ	55
ヒグラシ	182
ヒゲコガネ	37
ヒゲコメツキ	53
ヒゲジロキバチ	122
ヒゲナガカミキリ	65
ヒゲナガカワトビケラ	137
ヒゲナガゴマフカミキリ	65
ヒゲブトハナムグリ	37
ヒサマツサイカブトムシ	22
ヒシカミキリ	62
ヒトエグモ	191
ヒトスジシマカ	133
ヒトノミ	137
ヒトリガ	79,103
ヒメアオツヤハダコメツキ	53
ヒメアカタテハ	86
ヒメアカハナカミキリ	60
ヒメアメンボ	174,176
ヒメウスバシロチョウ	82
ヒメウラナミジャノメ	89
ヒメオオクワガタ	30
ヒメカマキリ	162
ヒメカマキリモドキ	136
ヒメガムシ	48
ヒメギス	156
ヒメギフチョウ	82
ヒメキマダラヒカゲ	90
ヒメコガネ	36
ヒメコブスジコガネ	35
ヒメシジミ	94
ヒメジャノメ	90
ヒメシュモクバエ	133
ヒメシロコブゾウムシ	72
ヒメシロチョウ	84
ヒメスギカミキリ	64
ヒメスズメバチ	118
ヒメタイコウチ	177
ヒメハルゼミ	181
ヒメヒカゲ	89
ヒメフンバエ	132
ヒメホウセキカミキリ	67
ヒメホシカメムシ	172
ヒメボタル	51
ヒメマイマイカブリ	43
ヒメマルカツオブシムシ	54
ヒメマルゴキブリ	186
ヒメミズカマキリ	177
ヒメヤママユ	99
ヒョウモンエダシャク	102
ヒョウモンチョウ	87
ヒョウモンモドキ	85
ヒラアシキバチ	122
ヒラズゲンセイ	59
ヒラタクチキウマ	157
ヒラタクワガタ	29
ヒレオトリバネアゲハ	111
ビロードツリアブ	132
ビロードハマキ	105
ヒロヘリアオイラガ	106

フ

ブータンクロクチブトゾウムシ	18
フェモラータオオモモブトハムシ	69
フェリエベニボシカミキリ	63
フクラスズメ	96
フサヒゲミドリオビカミキリ	66
プシタックスカストニア	113
フジミドリシジミ	93
フタオチョウ	86
フタオビホソナガクチキムシ	59
フトキボシゾウムシ	73
フタスジサナエ	143

フタスジスズバチ	120
フタスジチョウ	88
フタスジモンカゲロウ	151
フタバカゲロウ	49,151
フタモンアシナガバチ	119
ブドウスカシクロバ	106
ブラウンホウセキゾウムシ	75

ヘ

ヘイケボタル	49,51
ヘクバタイヨウモルフォ	112
ベッコウクモバチ	120
ベッコウトンボ	148
ベッコウバエ	133
ベッコウヒラタシデムシ	45
ベニイトトンボ	141
ベニカミキリ	64
ベニシジミ	93
ベニシタバ	101
ベニスズメ	100
ベニツチカメムシ	171
ベニヒカゲ	89
ベニヒラタムシ	54
ベニホシハマキチョッキリ	74
ベニボタル	53
ベニモンアゲハ	82
ベニモンコノハ	101
ベニモンチビオオキノコムシ	54
ベネットホウセキゾウムシ	75
ヘビトンボ	135,136
ヘラクレスオオカブト	23
ヘリグロチャバネセセリ	95

ホ

ホウィットカブトハナムグリ	39
ホウジャク	96
ボクサーカマキリ	163
ボクトウガ	105
ホシアシブトハバチ	122
ホシアワフキ	185
ホシベニカミキリ	65
ホシホウジャク	100
ホシミスジ	88
ホソカミキリ	62
ホソクビツユムシ	157
ホソセスジムシ	42
ホソツヤルリクワガタ	31
ホソバセセリ	95
ホソヘリカメムシ	17,172
ホソミオツネントンボ	141
ホタルガ	106
ホタルカミキリ	63

マ

マークオサムシ	43
マイマイガ	103
マイマイカブリ	41,43
マエアカスカシノメイガ	107
マエアカヒトリ	103
マオウカレハカマキリ	163
マグソクワガタ	29
マグソコガネ	35
マスダクロホシタマムシ	52
マダガスカルオナガヤママユ	10,113
マダラアシゾウムシ	73
マダラカマドウマ	157
マダラクワガタ	29
マツカレハ	104
マツノマダラカミキリ	65
マツムシ	158
マツモムシ	177
マノハナカマキリ	16
マメアブラムシ	185
マメクワガタ	29
マメコガネ	36
マメノメイガ	107
マメハンミョウ	59
マユタテアカネ	138,147
マラッカーナベニボシイナズマ	111
マルアワフキ	184
マルウンカ	185
マルガタハナカミキリ	60,63
マルカメムシ	171
マルダイコクコガネ	35
マルタンヤンマ	145
マルバネルリマダラ	12
マルムネカレハカマキリ	163
マルモンタマゾウムシ	73
マルモンツチスガリ	121
マレーヒラタクワガタ	33
マレーヒラタツユムシ	159

ミ

ミイデラゴミムシ	41,44
ミイロトラカミキリ	19
ミカドアゲハ	81,108
ミカドオオアリ	127
ミカドガガンボ	133
ミカドトックリバチ	120
ミクラミヤマクワガタ	31
ミズアブ	132
ミズイロオナガシジミ	92
ミズカマキリ	49,177
ミズグモ	191
ミスジアワフキバチ	121

ミスジチョウ	88	ムラサキツバメ	92
ミスジナガクチキムシ	59	ムラサキトビケラ	137
ミズスマシ	48,49		
ミツカドコオロギ	158	**メ**	
ミツギリゾウムシ	73		
ミツツボアリ	128	メガネトリバネアゲハ	109
ミドリカミキリ	63	メスアカケバエ	133
ミドリカワトンボ	149	メスアカミドリシジミ	93
ミドリキンバエ	132	メスグロヒョウモン	87
ミドリシジミ	92	メススジゲンゴロウ	48
ミドリシタバチ	13	メタリフェルホソアカクワガタ	33
ミドリタニガワカゲロウ	151	メネラウスモルフォ	112
ミドリナカボソタマムシ	52	メノコツチハンミョウ	59
ミドリヒョウモン	87	メマトイの一種	131
ミナミアオカメムシ	169	メンガタクワガタ	34
ミナミカマバエ	133		
ミノウスバ	106	**モ**	
ミミズク	185		
ミヤマアカネ	147	モーレンカンプオウゴンオニクワガタ	13,33
ミヤマカミキリ	63	モーレンカンプオオカブト	25
ミヤマカミキリモドキ	59	モクメシャチホコ	104,108
ミヤマカラスアゲハ	81	モノサシトンボ	141
ミヤマカラスシジミ	93	モモチョッキリ	74
ミヤマカワトンボ	140	モモノゴマダラノメイガ	107
ミヤマクワガタ	29	モモブトカミキリモドキ	59
ミヤマシジミ	94	モンカゲロウ	150
ミヤマシロチョウ	84	モンキアゲハ	81
ミヤマセセリ	95	モンキチョウ	83
ミヤマチャバネセセリ	95	モンクロベニカミキリ	64
ミヤマモンキチョウ	83	モンシロチョウ	78,83
ミルンヤンマ	145	モンシロモドキ	103
ミンドロカラスアゲハ	109	モンスズメバチ	118
ミンミンゼミ	180	モントガリバ	102
ム		**ヤ**	
ムーアシロホシテントウ	58	ヤエヤマクビナガハンミョウ	42
ムカシトンボ	142	ヤエヤマクマゼミ	181
ムカシヤンマ	142	ヤエヤマツダナナフシ	165
ムクツマキシャチホコ	104	ヤエヤマノコギリクワガタ	31
ムツトゲイセキグモ	191	ヤエヤママダラゴキブリ	186
ムツボシタマムシ	52	ヤエヤママルバネクワガタ	30
ムナキキベリボタル	55	ヤエヤマムラサキ	86
ムナビロオオキスイ	54	ヤエヤマモンヘビトンボ	136
ムネアカアリモドキカッコウムシ	54	ヤケヤスデ	192
ムネアカオオアリ	127	ヤコンオサムシ	43
ムネアカセンチコガネ	35	ヤシャブシキホリマルハキバガ	105
ムモンアカシジミ	92	ヤスジシャチホコ	104
ムモンホソアシナガバチ	119	ヤスマツアメンボ	176
ムラサキオオクモバチ	120	ヤツボシツツハムシ	68
ムラサキオオゴミムシ	44	ヤドリカニムシ	67
ムラサキシジミ	92	ヤナギハムシ	68
ムラサキシタバ	101	ヤニサシガメ	172
ムラサキシャチホコ	104	ヤブキリ	156

ヤホシゴミムシ	44
ヤマキチョウ	83
ヤマキマダラヒカゲ	90
ヤマサナエ	143
ヤマトアシナガバチ	119
ヤマトアブ	132
ヤマトイシノミ	187
ヤマトゴキブリ	186
ヤマトサビクワガタ	31
ヤマトシジミ	94
ヤマトシミ	187
ヤマトシリアゲ	137
ヤマトシロアリ	129
ヤマトスジグロシロチョウ	83
ヤマトツヤハナバチ	123
ヤマトニジュウシトリバ	105
ヤマトフキバッタ	155
ヤマトマダニ	192
ヤマトヤブカ	130,131,133
ヤマトルリジガバチ	121
ヤママユ	97,98,99
ヤリグモ	191
ヤンソニーテナガコガネ	39
ヤンバルテナガコガネ	36

ユ

ユーカリゴキブリ	186
ユウマダラエダシャク	102
ユウレイヒレアシナナフシ	166
ユキクロカワゲラ	151
ユキヤナギアブラムシ	184
ユミアシゴミムシダマシ	58

ヨ

ヨコヅナツチカメムシ	171
ヨコヤマヒゲナガカミキリ	65
ヨツコブツノゼミ	9
ヨツスジハナカミキリ	63
ヨツボシオオキノコムシ	54
ヨツボシケシキスイ	54
ヨツボシセセリモドキ	105
ヨツボシテントウダマシ	54
ヨツボシナガツツハムシ	68
ヨツボシヒラタシデムシ	45
ヨツボシマグソコガネ	35
ヨツボシモンシデムシ	45
ヨツモンカメムシ	171
ヨナグニサン	96
ヨモギハムシ	68
ヨロイモグラゴキブリ	186

ラ

ライオンコガネ	39
ラクダムシ	136
ラミーカミキリ	65

リ

リシリノマックレイセアカオサムシ	19
リシリヒトリ	103
リュウキュウアサギマダラ	91
リュウキュウアブラゼミ	180
リュウキュウハグロトンボ	13
リュウキュウミスジ	88
リンゴカミキリ	65
リンゴコフキハムシ	68
リンゴヒゲボソゾウムシ	72

ル

ルイスハンミョウ	42
ルイスヒトホシアリバチ	122
ルイスホソカタムシ	59
ルーミスシジミ	92
ルリイトトンボ	139
ルリエンマムシ	45
ルリクチブトカメムシ	171
ルリクワガタ	31
ルリゴキブリ	186
ルリシジミ	94
ルリタテハ	85,108
ルリチュウレンジ	122
ルリハムシ	68
ルリヒラタムシ	54
ルリボシカミキリ	63
ルリボシヤンマ	145

レ

レテノールモルフォ	112

ロ

ロリアホウセキゾウムシ	75

ワ

ワカバグモ	191
ワタフキカイガラムシ(→イセリアカイガラムシ)	185
ワタヘリクロノメイガ	107
ワモンゴキブリ	186
ワラジムシ	192
ワラストンツヤクワガタ	33

読者モニター

図鑑MOVEを企画するにあたって、読者のみなさんにモニターになっていただき、ご意見やアイデアをいただきました。
以下、ご協力いただいた、700名のモニターのみなさんです。

相磯知花／青井悠河／青木春薫／青木蘭／青見夢乃／秋月麻衣／秋野真也／秋葉明香里／秋葉桃華／秋元優果／淺尾理沙子／芦野陽子／安達友子／安達万起／足立美緒／厚川結希／阿部あかね／安部来美／安部京／阿部聡実／阿部美樹／阿部桃子／新井希世可／新井紫帆／荒井菜々／新井円香／荒木梨沙／按田璃子／安藤碧海／安藤沙耶佳／安藤瞳／安藤実希／安藤梨々花／安念玉希／飯島花栞／飯田俊太郎／飯山陽輝／五十嵐有香／猪狩明結菜／池田奈穂／池田晴奈／池田まゆか／池田祐理子／池田れん／池永萌々花／池宮智恵／池本依里香／池山美晴／伊﨑朱音／井澤由衣／石井二葉／石井ゆりね／石井凜音／石川葉子／石崎弥夏／石田清葵／石橋英里／井関雄大／磯尾好花／磯崎佳乃／井田明日香／井谷菜穂／市川桜／一瀬杏菜／伊藤彩音／伊藤沙莉那／伊藤侑花／伊藤ゆりか／稲熊彩花／稲澤希／稲田有華／稲村文香／井上花穂／井上紗希／井上満里奈／井上由梨／猪爪楓／井原萌／今井あづみ／今福史智／今村優香／今吉灯／井村萌／岩井秋子／岩佐美紀／岩畑加歩／岩崎由花／岩﨑千奈／岩野朱莉／岩本晴道／植田紗貴／植竹可南子／上野彰子／上野稀々／上野結花／上野りほ子／上廣悠美子／上村理恵／牛久貴絵／臼井満里奈／内田優那／内山萌乃／宇都宮弥香／浦野美羽／浦山紗矢香／裏山雅／江嵜なお／江原千咲／蝦名風香／遠藤嘉恵／大内亮／大木清花／大北美知瑠／大口真由／大熊悦子／大里翼／大城愛／大代愛果／太田沙綾／太田朋／大平葵／大尊尊／大橋優／大本優香／大山夏奈／岡崎恵／尾形羽菜／岡田有未／岡村有希／岡本視由紀／岡本梨沙／岡本怜於奈／岡山奈央／小川佳織／小川真季／沖島伶奈／奥田実咲／奥田愛理／奥谷香乃／奥中咲香／奥野葵／奥野郁子／奥原奈菜／尾崎匠之輔／小澤陽香／鷲海晶／越智友佳／小沼鮎莉／小野みさき／小野木運香／小山福久音／陰地祐介／海川寧音／柿崎美羽／柿沼亜里沙／角田沙姫／数井千晴／數井雅土／春日陽斗／片岡葵／片岡十萌／片岡夏希／片山葵／片山季咲／香月章太郎／勝田星来／勝野陽太郎／加藤紗依／加藤慎太郎／加藤真由／加藤みいさ／加藤美瑛／加藤美咲／加藤結衣／加藤駿／角岡玲香／要佑海／金子茜／金子晴香／金子友貴美／金田久海／金田黎／叶晴夏／鹿子木潔／鎌田郁野／上村明日香／上村遼香／上辻菜々瀬／萱場理恵／川上莉果／川口瞳／河下未歩／川端朋月／川畑萌／神田早紀／木内彩音／菊田万夏／菊地亜美／菊地菜央／菊池菜生子／木佐木梓沙／木佐貫祐香／木田さくら／北穂乃佳／北田紀子／北野こゆき／北野桃菜／北村直也／北山真梨／鬼頭里歩／木村舞香／木本舞／鬼山藍名／京屋杏奈／清野めぐみ／清本麻緒／久下萌美／草野侑嗣／工道あつみ／工藤ももか／久保木佑莉／窪田禎之／久間双葉／熊谷はるか／熊谷歩乃佳／熊倉羽唯／雲見梨乃／栗原真悠／黒澤佑太／桑形かすみ／桑田千聡／桑野海／郡司祥一／小金丸恵夢／粉川美紅／小木和香／小島紗季／小島渚子／小嶋真侑／小毬一／小島弥女／小菅紗良／小舘天音／後藤佐都／小林杏／小林香乃／小林知聖／小林由佳／小原陽花／駒林奈緒／小向杏奈／古村真鈴／小柳美弥／小柳悠希／小山樹／近藤あかり／近藤成菜／近藤友香／近藤由起／近内優花／齋藤瑛美／坂井陽／酒井香織／酒居香奈／境美伶奈／坂上真菜／坂口愛実／坂本真歩／坂元瑠衣／佐久間美智香／佐光珠美／笹尾茉央／佐々木明穂／佐々木弥由／佐々木恵美／捧情美／笹原亜珠美／貞國有香／佐竹まや／佐藤彩加／佐藤清加／佐藤詩織／佐藤友香／佐藤奈央／佐藤華子／佐藤雅弥／佐藤実夏／佐藤美夏子／佐藤桃花／佐藤麗奈／佐野歩美／佐野柊／佐野美咲／佐野遥平／佐俣夏紀／澤勇輝／澤口小夏／澤田翼／澤田優生子／志賀谷春果／執行菜々子／四家千晴／重松菜奈／品川らん／篠田南海／篠原章江／篠原みのり／柴田あさみ／嶋田汐華／島津燎／嶋中彩乃／首藤彩子／白井美晴／白井葉／白崎愛純／白崎あやめ／白鳥空／城間朋賀／陣川桃乃／菅優里奈／菅原千里／杉藤香織／杉山里美／杉山紗彩／杉山莉菜／鈴木海／鈴木咲那／鈴木夏美／鈴木仁那／鈴木晴美／鈴木美佳／鈴木萌／鈴木桃衣／鈴木涼士／須田麻美／須田真理／砂山佳音／瀬川佳陽子／関晴香／関田桃子／瀬下奈々美／添田奈々／曽我辺直人／染谷美紗貴／平良佳南子／髙市帆乃香／髙尾芽生／髙城亜也那／高木咲良／高木菜／髙木佑太郎／髙島里菜／高須ふゆ子／高瀬水緒／高田佳奈／髙田沙也加／高田祐希／高野真世／高橋飛鳥／高橋希来／高橋美紀／髙橋美帆／高橋唯／高橋凜々子／高橋怜央／高原菜摘／高村萌里／田口美杏／田桑礼子／武居七実／竹田愛／武田佳穂／武田さつき／竹田桃子／竹本日向子／田中亜美／田中瑛祐／田中恵理子／田中萌愛／田中結衣／田中悠里／田中優梨花／棚橋彩／田邊美貴／谷口湧紀／谷定綾花／種彩乃／田之上遥夏／田之上愛／玉置楓／田畑夏美／田本怜奈／丹野佑有子／千種あゆ美／知念南菜子／千田彩音／中馬杏菜／辻真由美／辻中佑歩／土屋芽以／土屋佳己／角井志帆／角田梨帆／坪田実那美／手島紗英／寺尾颯人／寺沢尚己／寺田菜穂子／寺本実来／土居海斗／砥石真奈／東海千夏／富樫茉美／徳嵩葵／徳丸華菜／登坂風子／戸田夏海／外岡清香／鳥羽杏優里／富島万由子／富田佳子／冨田妃南多／富田友美／冨永歩乃楓／友岡英／友尻杏／友田陽七虹／豊岡萌／内藤玲花／中井菜摘／長尾澪／中川晶恵／中川晴香／中川晴子／中川まりな／中川美沙葵／中窪愛日／中島久美子／中島夏海／中島那々子／中島瑠那／永田みゆき／仲渡千宙／中野歩実／中畑美咲／中林里彩／中原萌絵／永間美咲／永松楽々／中村明日香／中村華子／中村加奈子／中村慶／中村光里／中村真生子／中村美枝子／中村未来／中村翠／長元賢正／中屋敷彩／中山由莉恵／永良みずき／浪岡志帆／成瀬千奈津／難波真優／南部葉月／新島瑠奈／新保優理絵／二階堂琴花／西岡史晃／西幡安美／西村幸真／西村夏希／新田伊麻里／沼田仁／根岸菜々香／野網風子／野池真帆／野口万紘／野口陽子／野平耀正／野間共喜／野村舞／萩生田和佳／萩原佑奈／葉柴陵晴／橋本萌実／蓮すみれ／長谷川実咲／長谷部瑞季／畑清美／秦なずな／初田圭一／羽鳥未奈／花井愛衣／馬場真白／浜高家瑞稀／早川和／林茜里／林なな／林里帆／林真衣／林実玖／林田実紗／早田日向子／羽山美咲／原きく乃／原杏佳／原山涼子／針間あきり／東優名／東里紗／東口美咲／東野空／彦坂多美／平井万莉／平島沙耶／平場瑳代子／平塚めい／平松怜彩／蛭崎知美／廣島寿々々／廣瀬茉矢／廣瀬由華／深津真奈／普川優生／福浦桃奈／福田和晃／福田名那／福田光／福田美紀／藤井ちあき／藤濱七望／藤田奈央／藤田真依／藤武尚生／藤塚晴香／藤原彩妃／藤本早苗／渕脇里美／舟山香織／文元りさ／古川優里菜／古沢安主歌／古澤結菜／古田このみ／古谷彩瑛／古谷夏実／古伎優佳／外園愛理／星野香海／細津真夢／本田彩夏／本多美菜／本名恵英子／前田絢音／前田七海／真栄田ひなた／前原澪／増岡優沙／松井杏奈／松尾健大／松川美空／松下杏子／松下真由子／松原希宝／松原奈央／松村春惠／松元綾菜／松本大吾／松本千幸／松山理香／丸山愛海／万戸美輝／見市有利紗／三浦蕗乃／三上汐里／三上侑輝／三木花梨／水野千皓／味園史音／三田渚歌／道明優菜／南朝日／南川湖都乃／峰尾仁日夏／宮内ゆき菜／宮城幸代／三宅伊織／三宅葉月／宮﨑樹／宮里美咲／宮澤緒巳奈／宮田鈴菜／宮臺和佳菜／宮地直子／宮田真衣／宮本結衣／三輪紗弓／三輪航／村井泰子／村岡ななみ／村上ひな／村澤萌々花／連知生／村田京か／邨田圭亮／村田悠華／村林未奈子／村松奈美／村山遥／米良衣莉佳／茂木美結乃／持田里美／望月あゆ子／望月麻衣／元田梨沙／森智加／森野々風／森真由美／森友梨奈／森川真唯／森下翔太／森下悠来／森田恭太郎／森本瑞琴／守屋美槻／森山拓洋／森脇奈緒／矢澤陽生／安川陽菜／安田夏海／安本伊絵菜／柳川莉沙／柳香穂／矢野祥大／山内波奈／山内眞子／山内美南／山縣愛由／山上祿恵／山川奈々／山口航佑／山佐裕佳／山崎聖乃／山崎遥／山崎春奈／山崎万理乃／山崎未侑／山城菜海／山田明日香／山田育代／山田純気／山田昂史／山田千聖／山田仁美／山中胡春／山中千絵子／山中美依／山根遊星／山本あき／山本明日美／山本絢音／山本一華／山本絵理／山本果奈／山本直緒／湯浅萌／油布くるみ／油布茉里愛／横沢佑奈／横山友海／吉川さくら／吉際沙織／吉田彩乃／吉田英誉／吉田茉莉／吉成紗百合／吉村唯衣／吉村優里／米田早織／米田ちひろ／米田百合香／脇木百福／脇阪梨沙／涌谷佳奈／和家桃花／鷲尾郁織／和田知里／渡邉楓／渡邉佳織／渡辺佳哉子／渡辺周生／渡成美／渡辺春菜／渡辺未来／渡辺祐奈／渡沼悠我

【監修】
養老孟司（解剖学者・東京大学 名誉教授）

【特別協力】
高桑正敏（神奈川県立生命の星・地球博物館 名誉館員）

【企画・調整】
伊藤弥寿彦（日本甲虫学会）

【標本提供・指導】
新井孝巳（セミ、ハチ）／伊藤ふくお（バッタ）／伊藤弥寿彦（甲虫、カメムシなど）／尾園暁（トンボ）／木村正明（ガ、アミメカゲロウ、カゲロウなど）／栗山定（チョウ）／佐藤岳彦（シロアリ）／須田博久（ハチ）／谷川明男（クモ）／寺山守（ハチ、アリ）／長畑直和（カマキリ、ハサミムシ、外国産昆虫など）

【指導・協力】
石川忠（カメムシ）／伊東憲正（ハエ、アブ、カ）／宗林正人（アブラムシ）

【標本提供】
秋田勝巳／秋山秀雄／遠藤拓也／大野勝示／川田一之／筒野嘉彦／岸田泰則／木下總一郎／木村正三／工藤誠也／倉西良一／柴田佳秀／杉本雅志／清野元之／竹内正人／舘野鴻／朝長政昭／永井信二／中島秀雄／中山恒友／浜路久徳／林文男／間野隆裕／矢後勝也／矢野高広／山田成明／吉田次郎

【写真協力】
[特別協力]海野和男（扉,2～3,7,9,11,13～16,20～23,26～28,35～38,40～42,45～48,50～51,53～58,61～62,66～67,70～71,75,77～80,82～83,85,91,94,96～100,103～106,108～109,111～117,119,123～128,130～131,133,135～140,142,144,146,149,151～156,158～168,170,173～175,177～180,183～184,186～189,192）

[表紙写真]小檜山賢二　[前見返し]川崎悟司　[後見返し]小檜山賢二
青木登（18）／阿達直樹（176）／伊藤ふくお（158）／伊藤弥寿彦（11,69,73,128）／今森光彦（8～11,16,28,55,137,183）／内山りゅう（151）／小川宏（61,135）／興克樹（2,91）／尾園暁（42,52,94,138～139,149）／株式会社ネイチャー・プロダクション（41,51,61,106,134～135,151,175,182）／北添伸夫（175）／工藤誠也（106,107）／栗林慧（17,20,40～41,51,60,134,152）／国立感染症研究所昆虫医科学部（133,137,185,192）／小檜山賢二（9,23,32,72,75,118,127）／昆虫文献六本脚（22,37）[※クロマルコガネ、オオヒゲブトハナムグリの写真は、コガネムシ研究会監修『日本産コガネムシ上科図説 第2巻 食葉群1』（昆虫文献六本脚刊）より転載]／佐伯弘之（191）／佐藤岳彦（9,12～13,15～16,58,77～79,97,102,108,110,129,131,133,137,185）／白蟻百十番株式会社（129）／新開孝（106～134）／鈴木知之（60,186）／高井幹夫（2,168～169）／高桑正敏（19）／高嶋清明（56,68,78～79,108）／築地琢郎（46,54,133,135,151,171,177,185,187,192）／独立行政法人 科学技術振興機構 理科ねっとわーく（7）／中瀬潤（3,150）／中瀬悠太（137）／永幡嘉之（19,60,127）／増田戻樹（41）／湊和雄（51,182）／山口茂（35,64）／山口進（149,166）／有限会社むし社（22）[※ヒサマツサイカブトムシの写真は、むし社より提供]

【協力】
伊藤樹應／上田浩一／牛島雄一／内田臣一／川井信矢／菊地茉莉花／日下部良康／小林信之／佐々木明夫／高橋敬一／武田雅志／中里俊英／中村進一／新里達也／新野大／日本大学生物資源科学部博物館／藤田宏／古川雅道／門田渉／吉田譲／分島徹人

【イラスト】
舘野鴻

【標本撮影】
杉山和行（講談社写真部）

【編集制作】
株式会社　童夢

【表紙・扉デザイン】
城所潤＋関口新平（ジュン・キドコロ・デザイン）

【本文デザイン】
原口雅之、天野広和（ダイアートプランニング）

講談社の動く図鑑 MOVE
昆虫 堅牢版

2011年 7月14日　初版　　第 1 刷発行
2017年 2月 8日　堅牢版　第 1 刷発行
2020年 3月 6日　堅牢版　第 2 刷発行

監　修　養老孟司
発行者　渡瀬昌彦
発行所　株式会社講談社
　　　　〒112-8001　東京都文京区音羽2-12-21
　　　　電話　編集　03-5395-3542
　　　　　　　販売　03-5395-3625
　　　　　　　業務　03-5395-3615

印　刷　共同印刷株式会社
製　本　大口製本印刷株式会社

©KODANSHA 2017 Printed in Japan
落丁本・乱丁本は購入書店名を明記のうえ、小社業務あてにお送りください。送料小社負担にておとりかえいたします。
なお、この本についてのお問い合わせは、MOVE編集あてにお願いいたします。
定価は、表紙に表示してあります。
本書のコピー、スキャン、デジタル化等の無断複製は著作権法上での例外を除き禁じられています。
本書を代行業者等の第三者に依頼してスキャンやデジタル化することは、たとえ個人や家庭内の利用でも著作権法違反です。

ISBN978-4-06-220410-1　N.D.C.486　207p　27cm

親子で楽しめる！

「好き」と「学び」をつなぐ、人気ナンバー1の図鑑！

全25冊 好評発売中！

日能研クエスト

マルいアタマをもっとマルく！

- **タイムマシンのつくり方**
  "時間の謎"にいどもう！
  佐藤勝彦／監修
- **中学入試の名作**
  日能研の国学科がおすすめ
  講談社／編
- 超肉食恐竜
  ティラノサウルスの誕生！
  小林快次／監修　土屋健／著
- ほんとうにあった！物語と魔法ワールド　他

中学入試に役立つシリーズ

デジタル図鑑つき！

講談社の動く図鑑 MOVEmini 新シリーズ誕生！

スマホやタブレットで見られる

- 恐竜
- 昆虫
- 動物
- 危険生物
- 星と星座

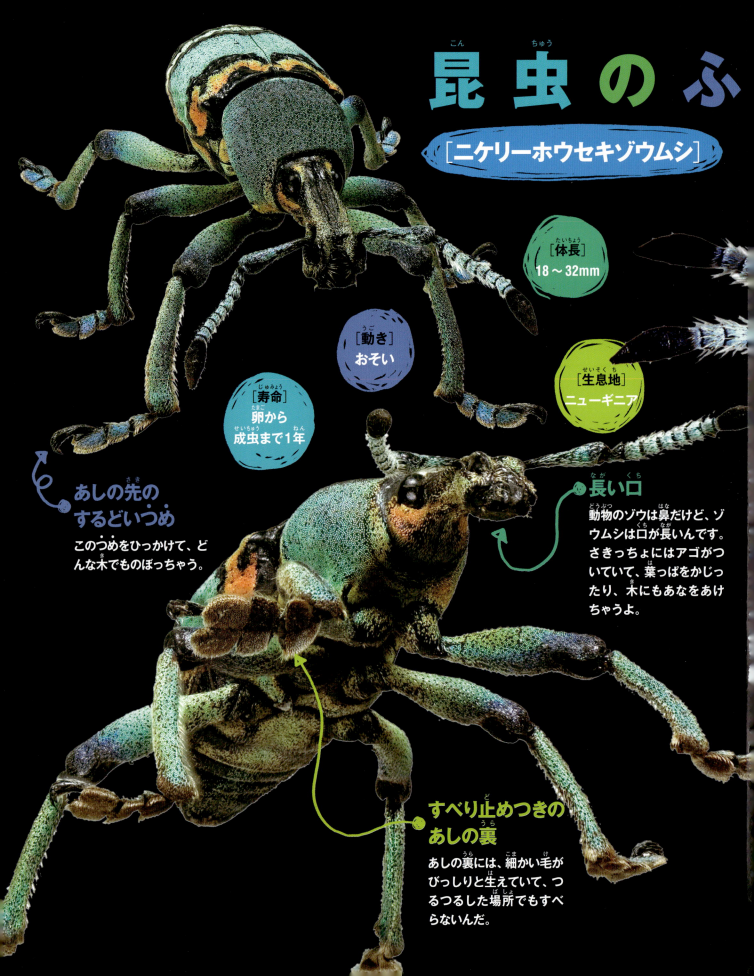

昆虫のふ
［ニケリーホウセキゾウムシ］

［体長］
18〜32mm

［動き］
おそい

［寿命］
卵から成虫まで1年

［生息地］
ニューギニア

あしの先のするどいつめ
このつめをひっかけて、どんな木でものぼっちゃう。

長い口
動物のゾウは鼻だけど、ゾウムシは口が長いんです。さきっちょにはアゴがついていて、葉っぱをかじったり、木にもあなをあけちゃうよ。

すべり止めつきのあしの裏
あしの裏には、細かい毛がびっしりと生えていて、つるつるした場所でもすべらないんだ。